Diese Mitteilungen setzen eine von Erich Regener begründete Reihe fort, deren Hefte auf der vorletzten Seite genannt sind.

Das Max-Planck-Institut für Aeronomie vereinigt zwei Institute, das Institut für Stratosphärenphysik und das Institut für Ionosphärenphysik.

Ein **(S)** oder **(I)** beim Titel deutet an, aus welchem Institut die Arbeit stammt.

Anschrift der beiden Institute:

3411 Lindau

DIE ANISOTROPIEN

DER KOSMISCHEN STRAHLUNG

von

ERHARD KIRSCH

ISBN 978-3-540-03186-4   ISBN 978-3-642-86205-2 (eBook)
DOI 10.1007/978-3-642-86205-2

Inhaltsverzeichnis

A. Einleitung, Stand des Problems .... Seite 5

B. Grundlagen zur Untersuchung der Anisotropien 8
    § 1. Zusammenhang zwischen Primär- und Sekundärstrahlung 8
    § 2. Geomagnetische Einflüsse 9
        a) Differentielle und integrale Messungen 9
        b) Asymptotische Länge und Breite der Stationen 11
        c) Breitenabhängigkeit 12
        d) Orientierungsdifferenz zwischen Dipol- und Rotationsachse 12
    § 3. Untersuchungsmethoden 14
        a) Harmonische Analyse 14
        b) Graphische Analyse 15

C. Eigenschaften der Anisotropien 16
    § 4. Solar-terrestrische Einflüsse 16
        a) Sonnenfleckenzyklus und Tagesgang 16
        b) 27-tägige Periode 18
        c) Quasiperiodische Schwankungen 18
        d) Verhältnis zur isotropen Variation 32
        e) Amplituden-Phasenkorrelation 33
    § 5. Position und Struktur der Anisotropien 34
    § 6. Ergebnisse der graphischen Analysen 36
    § 7. Breitenabhängigkeit des Tagesganges 39
    § 8. Die II. Harmonische 46

D. Deutung der Anisotropien 48
    § 9. Physik des interplanetaren Plasmas 48
    § 10. Mögliche Beschleunigungsmechanismen 53
        a) Elektrische Felder 53
        b) Solares Magnetfeld und Intensitätsgradient in der kosmischen Strahlung ... 55
        c) Spiegelung der kosmischen Strahlung durch Plasmawolken 56
        d) Zeitlich variierende Magnetfelder 59

E. Zusammenfassung 65

Literaturverzeichnis 67

A. Einleitung, Stand des Problems

Die Erforschung der elektromagnetischen Bedingungen und der Partikeldichte des interplanetaren Raumes erfolgt heute nach verschiedenen Methoden, die sich gegenseitig ergänzen [1].

Wie heute bekannt ist, sind die seit langem ausgeführten Messungen der erdmagnetischen Störungen eine Methode zur Erforschung des solaren Plasmas, da bei Sonneneruptionen solare Materie in den interplanetaren Raum ausgestoßen wird, die in ein bis zwei Tagen die Erde erreicht und dort Störungen des Erdmagnetfeldes hervorruft. Aus den fast immer vorhandenen erdmagnetischen Störungen wird geschlossen, daß die Sonnenflecken ständig Materie emittieren. Große Eruptionen auf der Sonne erzeugen starke Störungen des Erdmagnetfeldes; quasiperiodische Schwankungen werden von den sogenannten M-Regionen [2] hervorgerufen. In der vorliegenden Arbeit wird das interplanetare Plasma mit einer natürlichen Sonde, nämlich der ständig registrierbaren kosmischen Strahlung untersucht. Die Astrophysiker haben in den Kometenschweifen eine weitere natürliche Sonde für die Erforschung des solaren Plasmas zur Verfügung. Spektroskopische Beobachtungen ergaben, daß die Kometenschweife teilweise aus CO^+, N_2^+ und CO_2^+ bestehen und somit ein Plasma darstellen. Die Krümmung der Plasmaschweife in Sonnennähe kann nicht durch den Lichtdruck, sondern nur durch die solaren Plasmawolken erklärt werden [1]. Eine direkte Beobachtung des Sonnenplasmas im interplanetaren Raum (solarer Wind) wurde erst in den letzten Jahren mit Hilfe von Satelliten und Raumsonden möglich.

Alle bisher mit Sicherheit beobachteten Variationen der kosmischen Strahlung stehen mit solaren Ereignissen im Zusammenhang. Aus dieser Tatsache wird geschlossen, daß die galaktische kosmische Strahlung (außerhalb unseres Sonnensystems) isotrop in Raum und Zeit ist.

Als räumlich isotrope Variationen werden auf der Erde die sogenannten Forbush-Effekte, die Schwankungen nach dem 11-jährigen Sonnenfleckenzyklus und wahrscheinlich auch die kleinen Intensitätsschwankungen nach der 27-tägigen Sonnenrotationsdauer registriert.

Eine räumlich und zeitlich anisotrope Variation ist die gelegentlich im Zusammenhang mit großen Sonneneruptionen auftretende solare kosmische Strahlung, da sie verschiedene Einfallszonen im Erdmagnetfeld hat. Diese solare kosmische Strahlung ist aber nicht Gegenstand dieser Arbeit.

Eine nach Sternzeit auftretende Anisotropie konnte bei den in Lindau ausgeführten Untersuchungen der Neutronenkomponente nicht mit Sicherheit nachgewiesen werden. Falls ein Sternzeitgang wirklich vorhanden ist, so muß seine Amplitude kleiner als $1^o/oo$ der Gesamtintensität sein. Zu demselben Ergebnis gelangte RAU [3] schon 1939 mit seinen Ionisationskammermessungen in 40 m Tiefe des Bodensees. Nach MESSERSCHMIDT [4] ist ein Sternzeitgang bei Ionisationskammerregistrierungen in einem 10 m tiefen Schacht mit etwa $1,5^o/oo$ Amplitude nachweisbar.

Den also immer noch umstrittenen sternzeitlichen Schwankungen ist eine zeitlich und räumlich variierende Anisotropie überlagert, die eine Amplitude von etwa 1 % der Gesamtintensität hat und infolge der Erddrehung von jeder Station mit 24-stündiger Periode abgetastet wird. Diese Anisotropie, auch Tagesgang genannt, wird von den Stationen gleicher geomagnetischer Breite zur gleichen Ortszeit registriert. Die Tagesgänge sind der eigentliche Gegenstand der vorliegenden Arbeit.

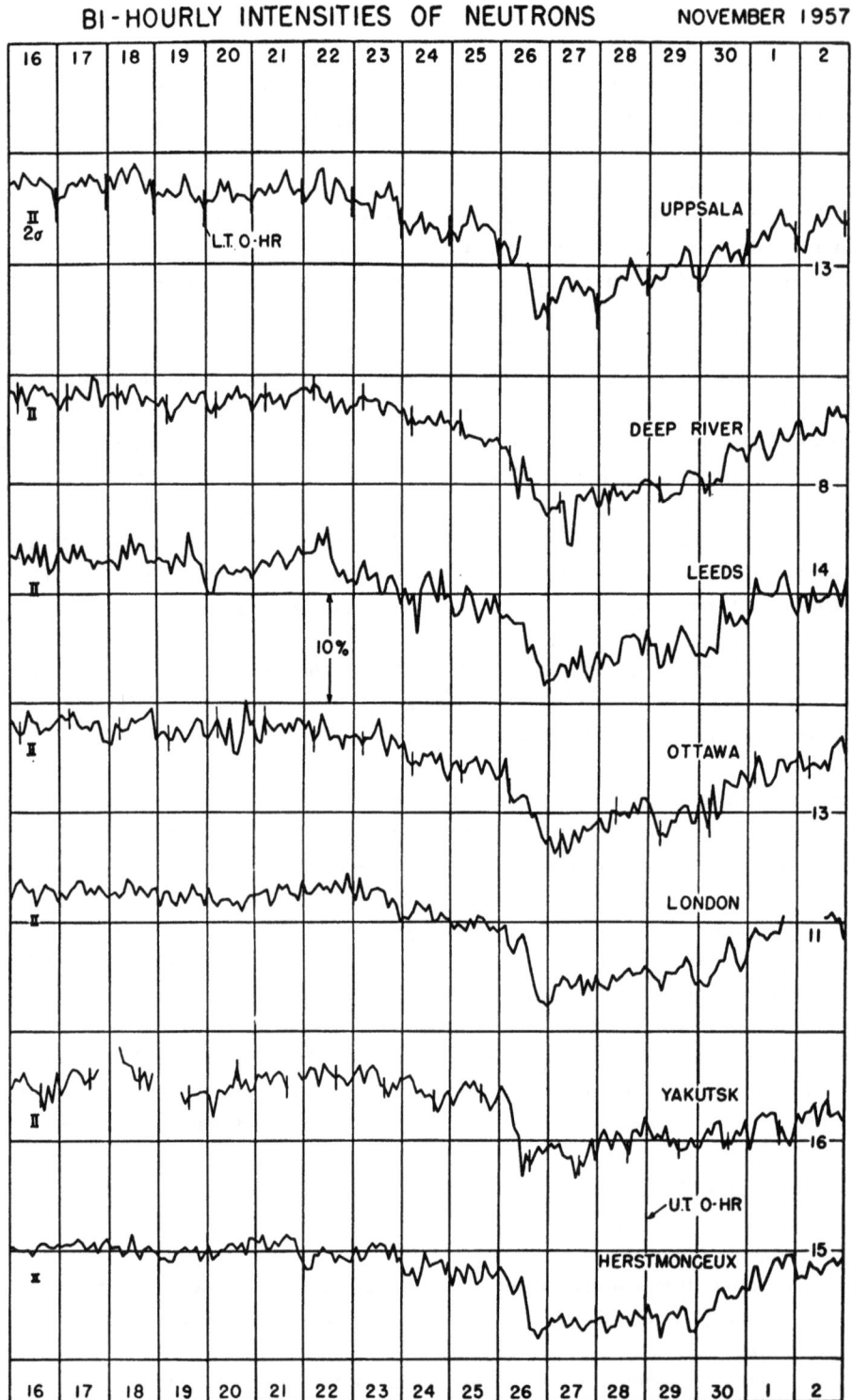

Abb. 1: Aufzeichnung der 2-Stundenregistrierung einiger Neutronenmonitoren des IGY.

Abb. 1 zeigt die Registrierungen einiger Neutronenstationen [5]. Die Tagesgänge äußern sich durch kleine Maxima und Minima, die durch statistische Schwankungen und weltweit gleichzeitig auftretende Variationen der kosmischen Strahlung gestört sind.

Die Dauerregistrierungen der sekundären Nukleonen- oder Mesonenkomponente an der Erdoberfläche eignen sich für derartige Analysen, da bei ihnen der statistische Fehler genügend klein ist. Der Tagesgang konnte anfänglich nur als Mittel über längere Zeiträume nachgewiesen werden. Seit der ersten sicheren Feststellung des Tagesganges durch EHMERT und SITTKUS [6] im Jahre 1951 ohne Mittelbildung über viele Tage sind inzwischen zahlreiche Arbeiten anderer Autoren zu diesem Thema erschienen. Eine zusammenfassende Darstellung des Problems gab DORMAN [7] im Jahre 1957.

In der vorliegenden Arbeit wurden Analysen von Einzeltagen ausgeführt, da nur auf diese Weise die Phasenschwankungen erfaßt werden können. Das Registriermaterial lieferten die Stationen Weissenau und Lindau sowie das weltweite Stationsnetz des IGY (International Geophysical Year) [5]. Für die Analysen wird hauptsächlich die Neutronenkomponente herangezogen, da bei ihr nur die Luftdruckkorrektur auszuführen ist, und der kleine statistische Fehler eine Analyse von Einzeltagen erlaubt. Um ein möglichst vollständiges Bild der Tagesgänge zu entwickeln, wird auch auf die Ergebnisse anderer Autoren zurückgegriffen, insbesondere auf solche, die sich auf Registrierungen im Sonnenfleckenminimum beziehen und auf Messungen der Mesonenkomponente unter der Erdoberfläche. Weiter erfolgt eine Diskussion des DORMANschen Modelles sowie der seit 1957 erschienenen Arbeiten anderer Autoren. Ein weiteres Modell für die Anisotropien wird diskutiert.

B. Grundlagen zur Untersuchung der Anisotropien

§ 1. Zusammenhang zwischen Primär- und Sekundärstrahlung

Da der Tagesgang zur Zeit nur mit Hilfe der am Erdboden registrierten Sekundärkomponente untersucht werden kann, ist es erforderlich, die genauen Zusammenhänge zwischen primärer und sekundärer Strahlung darzulegen. In Anlehnung an den Formalismus von DORMAN [7] ergibt sich die gesamte Sekundärintensität nach der Formel

$$N_\lambda(E, h) = \int_{E_\lambda^{min}}^{\infty} D(E) M(E, h) dE \tag{1}$$

λ = geomagnetische Breite
h = Luftdruck
$D(E)$ = differentielles Primärspektrum
$M(E h)$ = Multiplizitätsfunktion
E_λ^{min} = geomagnetische Abschneideenergie .

Das primäre Energiespektrum $D(E)$ ist heute gut bekannt. Jedoch ist die Multiplizitätsfunktion theoretisch schwierig zu berechnen, da die Wechselwirkungen der primären kosmischen Strahlung mit den Stickstoff- und Sauerstoffatomen der Luft sehr komplexe Prozesse sind. Die Variation der Sekundärintensität ergibt sich bei Variation des Primärspektrums zu (E^{min} und $M(E, h)$ sollen konstant bleiben):

$$\delta N_\lambda(E, h) = \int_{E_\lambda^{min}}^{\infty} D(E) M(E, h) dE \tag{2}$$

Die relative Variation ist:

$$\frac{\delta N_\lambda(E, h)}{N_\lambda(E, h)} = \int_{E_\lambda^{min}}^{\infty} \frac{\delta D(E)}{D(E)} \cdot W_\lambda(E, h) dE , \tag{3}$$

wobei

$$W_\lambda(E, h) = \frac{D(E) \cdot M(E, h)}{N_\lambda(E, h)} \tag{4}$$

die sogenannte Kopplungsfunktion ist. $W_\lambda(E, h)$ gibt die prozentuale Verteilung der Sekundärkomponente in der atmosphärischen Tiefe h bei der Primärenergie E und der geomagnetischen Breite λ an. DORMAN zeigte, daß die Kopplungsfunktion auch aus der experimentell bestimmten Breitenabhängigkeit der kosmischen Strahlung berechnet werden kann. Die Differentiation der Gleichung (1) nach der Abschneideenergie ergibt

$$\frac{\partial N_\lambda(E, h)}{\partial E_\lambda^{min}} = - D(E_\lambda^{min}) \cdot M(E_\lambda^{min}, h) . \tag{5}$$

Durch Einsetzen in Gleichung (4) folgt

$$W_\lambda(E, h) = - \frac{1}{N_\lambda(E, h)} \cdot \frac{\partial N_\lambda(E, h)}{\partial E_\lambda^{min}} . \tag{6}$$

Die Kopplungsfunktion ist damit auf den Breiteneffekt der Sekundärkomponente zurückgeführt. Allerdings läßt sie sich so nur bis ungefähr 30 GeV berechnen, da höhere Energien nur noch schwach vom Erdmagnetfeld beeinflußt werden. Die relative Variation wird nun auf den Breiteneffekt bezogen:

$$\frac{\frac{\delta N_\lambda(E,h)}{N_\lambda(E,h)}}{B_\lambda(E,h)} = \frac{dN_\lambda(E,h)}{N_\lambda(E,h)} = \frac{\int_{E_\lambda^{min}}^{\infty} \frac{\delta D(E)}{D(E)} \cdot W_\lambda(E,h) dE}{B_\lambda(E,h)} \quad (7)$$

$$B_\lambda(E,h) = \int_{E_\lambda^{min}}^{\infty} W(E,h) \cdot dE \quad (8)$$

$$\frac{dB_\lambda(E,h)}{dE} = W_\lambda(E,h) \quad . \quad (9)$$

Das primäre Variationsspektrum läßt sich nur durch numerische Differentiation aus Gleichung (7) berechnen.

$$\frac{\delta D(E)}{D(E)} = \frac{\Delta\left[\frac{dN_\lambda(E,h)}{N_\lambda(E,h)} \cdot B_\lambda(E,h)\right]}{\Delta B_\lambda(E,h)} \quad (10)$$

Die experimentellen Werte für den Breiteneffekt der Neutronen sind von QUENBY und WEBBER [8] für das Sonnenfleckenminimum zusammengestellt worden.

§ 2. Geomagnetische Einflüsse

a) Differentielle und integrale Messungen

Die Detektoren an der Erdoberfläche registrieren die Summe der sekundären Teilchen, die vom ganzen Primärspektrum ausgelöst werden. Differentielle Messungen des Tagesganges sind am Erdboden nicht möglich. Es ist schwierig, aus der Registrierung der Sekundärkomponente Aufschluß über die Energieabhängigkeit der Anisotropien zu gewinnen. Teilchen geringer Energie werden im Erdmagnetfeld stärker abgelenkt als solche mit hohen Energien, so daß die kosmische Strahlung, die gleichzeitig in einen Detektor gelangt, aus verschiedenen Regionen der Anisotropie stammt. Der Schwerpunkt all dieser Regionen läßt sich mit Hilfe der mittleren Stationsenergie bestimmen. Eine Vorstellung von den entstehenden Amplitudenfehlern bei Verwendung der mittleren Energien vermitteln die Abbildungen 2 A, B, C, D.

Als Anisotropie wird eine rein sinusförmige Intensitätsschwankung angenommen. Die Amplitude der sinusförmigen Schwankung für die einzelnen Energieintervalle wird durch die Länge der Vektoren dargestellt, die Ablenkung im Erdmagnetfeld durch die Richtung derselben. Der Vektor des Intervalles 3 - 4 GeV wurde willkürlich senkrecht nach unten gelegt. Die höheren Teilchenenergien werden entsprechend weniger im Erdmagnetfeld abgelenkt.

Abb. 2 A zeigt die Ablenkung für die Primärstrahlung am Gipfel der Atmosphäre in $\lambda = 50°$ geomagnetischer Breite. Die Amplitude ist proportional dem differentiellen Spektrum angesetzt worden.

§ 2   - 10 -

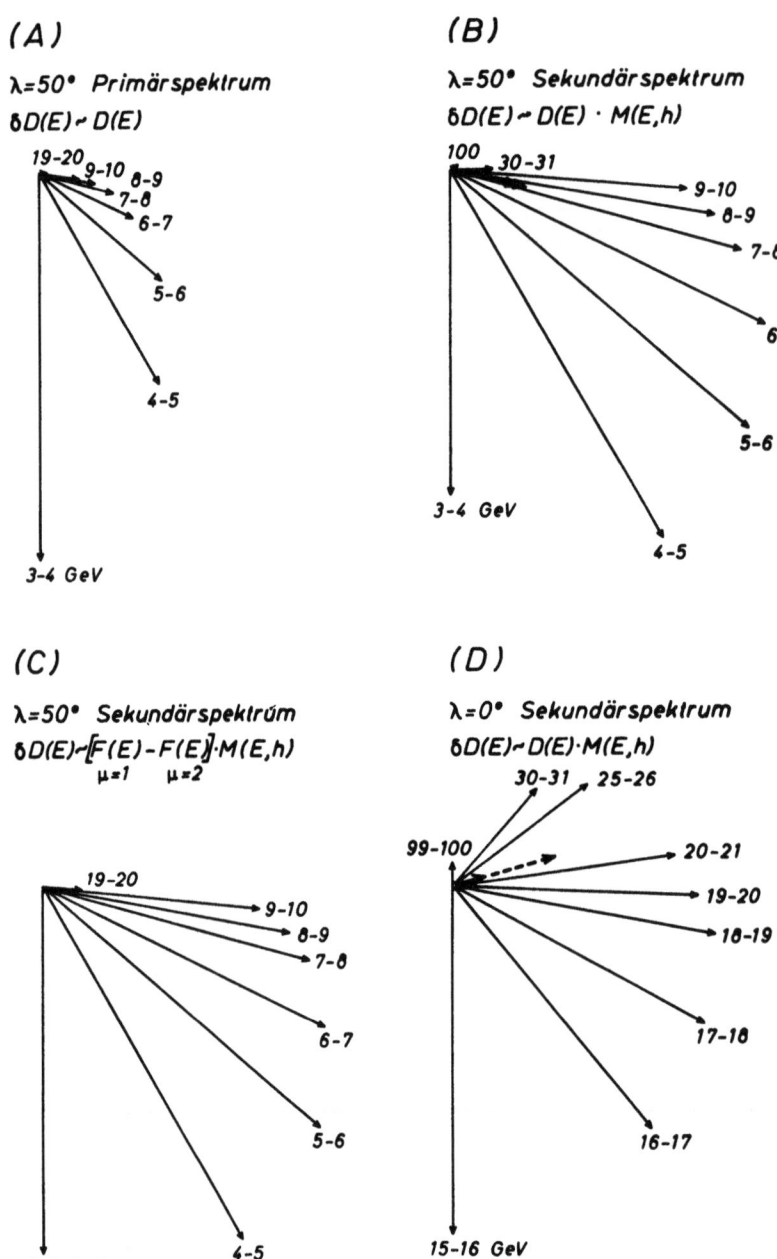

Abb. 2: Überlagerungskurven für einzelne Energieintervalle.

Die entstehende Amplitudenverkleinerung infolge der geomagnetischen Ablenkung der Teilchen ist zu vernachlässigen. Die Daten der geomagnetischen Ablenkung wurden den Berechnungen von JORY [9] sowie BRUNBERG und DATTNER [10] entnommen.

Abb. 2 B zeigt die Vektoren der Sekundärneutronen ebenfalls in $\lambda = 50°$ geomagnetischer Breite unter Benutzung der Multiplizitätsfunktion von QUENBY und WEBBER [8]. Der Vektor der mittleren Energie wird durch einen stark gezeichneten Pfeil angedeutet. Der gestrichelte Pfeil entspräche der mittleren Teilchenenergie ohne geomagnetische Ablenkung. Beim Sekundärspektrum liefern die hohen Energien einen relativ größeren Beitrag zum Tagesgang als bei dem Primärspektrum.

In Abb. 2 C ist für λ = 50° geomagnetische Breite das beobachtete Spektrum zugrunde gelegt, das nach EHMERT [11] durch eine elektrische Modulation beschrieben werden kann. Die Amplituden sind nach EHMERT proportional

$$\left\{ F_{\mu=1}(E) - F_{\mu=2}(E) \right\} \cdot M(E, h) \tag{11}$$

angesetzt worden. Der Begriff der mittleren Stationsenergie bleibt auch in diesem Falle sinnvoll.

$F_{\mu=1}(E)$ = Modulationsfunktion für $\mu = 1$
$F_{\mu=2}(E)$ = Modulationsfunktion für $\mu = 2$
μ = Maß für den Energieverlust der Teilchen im elektrischen Feld
$M(E, h)$ = Multiplizitätsfunktion
E = Energie
h = Luftdruck

Es erweist sich als zweckmäßig, die mittlere Energie für jede Station zu definieren, da die Amplitude durch die verschieden starke Ablenkung der einzelnen Energieintervalle im Erdmagnetfeld nicht wesentlich verkleinert wird.

Abb. 2 D zeigt die Schwankung der Sekundärneutronen in λ = 0° geomagnetischer Breite. Obwohl am geomagnetischen Äquator die niedrigen Energien der kosmischen Strahlung durch das Erdmagnetfeld schon abgeschnitten sind, findet infolge der verschieden starken Ablenkung der einzelnen Energien eine Amplitudenverkleinerung statt, die größer als bei λ = 50° ist. Diese Tatsache ist bei der Bestimmung der Energieabhängigkeit der Anisotropien aus dem Breiteneffekt zu berücksichtigen. Da der mittlere Vektor bei λ = 0° weniger abgelenkt wird als bei λ = 50°, registrieren äquatoriale Stationen eine Anisotropie früher als Stationen in höheren Breiten. Das Erdmagnetfeld verursacht also eine Breitenabhängigkeit der Phase.

Die Lage der Vektoren der mittleren Stationsenergien vermitteln ein annähernd richtiges Bild von der Position der Anisotropie im Raum nach Berücksichtigung der geomagnetischen Ablenkung. Die Amplitudenverkleinerung infolge der verschieden starken Ablenkung der einzelnen Energien ist überschaubar.

b) Asymptotische Länge und Breite der Stationen

Die Position der Anisotropie wird also bestimmt für die mittleren Energien jeder Station, da auf diese Weise überhaupt erst Aussagen möglich werden. Die mittlere Energie läßt sich berechnen nach der Formel

$$\overline{E} = \frac{\int_{E_\lambda^{min}}^{\infty} W_\lambda(E, h) \cdot E \cdot dE}{\int_{E_\lambda^{min}}^{\infty} W(E, h) dE} \tag{12}$$

FONGER [12] verwendet aber eine andere Formel, da das Integral im Zähler von Gl. (12) wegen der Form von W(E, h) nicht konvergiert. FONGER's Formel lautet:

$$\frac{1}{1+\overline{E}} = \frac{\int_{E_\lambda^{min}}^{\infty} \frac{W(E,h)}{1+E} dE}{\int_{E_\lambda^{min}}^{\infty} W(E,h) dE} \tag{13}$$

Mit Hilfe der mittleren Energien läßt sich die asymptotische Breite und Länge jeder Station ermitteln. Die asymptotische Breite ist der Einfallswinkel der unabgelenkten kosmischen Strahlung gegen die Ebene des geomagnetischen Äquators. Die asymptotische Länge ist der Winkel zwischen der Einfallsebene der unabgelenkten Strahlung senkrecht zur Ekliptik und dem Meridian durch die Beobachtungsstation.

In der vorliegenden Arbeit werden die schon von KANE und THAKORE [13] berechneten mittleren Energien verwendet. In der Literatur finden sich auch noch andere Berechnungen der mittleren Energien von z. B. SARABHAI, PAI und RAO [14], die von KANE's Werten etwas abweichen. Solche Differenzen entstehen, da die Kopplungsfunktionen nicht für alle Stationen genau bekannt sind und extrapoliert werden müssen. Infolgedessen weichen auch die von verschiedenen Autoren berechneten asymptotischen Breiten etwas voneinander ab. An Hand der mittleren Energien läßt sich nun die asymptotische Breite und Länge jeder Station den Daten von JORY [9] entnehmen, der die Ablenkung der kosmischen Strahlung für die Dipolnäherung des Erdmagnetfeldes theoretisch berechnete. Neuerdings gibt es auch höhere Näherungen des Erdmagnetfeldes, die aber damals noch nicht zugänglich waren. Die mittleren asymptotischen Richtungen wurden auch von anderen Autoren für die Bestimmung der Position der Anisotropie benutzt [7, 15, 16, 17].

Von McCRACKEN, RAO und SARABHAI [18] sowie RAO, McCRACKEN und VENKATESAN [19] wurde das Konzept der Einfallszonen entwickelt.

Theoretische Untersuchungen über die Breiten- und Längenabhängigkeit des Tagesganges wurden von NAGASHIMA, POTNIS und POMERANTZ [20] unter Annahme einer Anisotropie ausgeführt, die terrestrischen oder extraterrestrischen Ursprunges ist. Bei diesen Rechnungen ist die Orientierungsdifferenz zwischen Dipol- und Rotationsachse berücksichtigt worden.

c) Breitenabhängigkeit

Das Erdmagnetfeld ist ein natürliches Spektrometer für die Teilchenenergien. Der untere Teil des Spektrums wird abgeschnitten. Am geomagnetischen Äquator liegt die Abschneideenergie am höchsten. Wird daher die Amplitude des Tagesganges als Funktion der Abschneideenergie oder besser der mittleren Stationsenergie dargestellt, so folgt daraus die Energieabhängigkeit des Tagesganges. Diese Darstellungsart liefert einen annähernden Ersatz für die Messung des differentiellen Variationsspektrums, solange die Amplitudenverkleinerung des Tagesganges zu vernachlässigen ist, die durch die verschieden starke Ablenkung der einzelnen Teilchenenergien im Erdmagnetfeld entsteht.

d) Orientierungsdifferenz zwischen Dipol- und Rotationsachse

Die Orientierungsdifferenz zwischen Dipol- und Rotationsachse der Erde von 11,5° hat, wie MURAKAMI [21], NAGASHIMA, POTNIS und POMERANTZ [20], RAO, McCRACKEN und VENKATESAN [19] rechnerisch gezeigt haben, einen Längeneffekt von Amplitude und Phase zur Folge, der besonders bei Stationen von $\geqq 60°$ geomagnetischer Breite hervortritt. Stationen in gleicher geomagnetischer Breite sollten also in den Amplituden- und Phasenwerten Unterschiede registrieren. Die Amplitude oberhalb

60° ist aber sehr klein, so daß ein Nachweis des Längeneffektes schwierig ist.

Die Orientierungsdifferenz von Rotations- und Dipolachse hat auch noch eine weitere Konsequenz, nämlich eine tages- und jahreszeitliche Variation der asymptotischen Breite jeder Station. Diese Variationen sollen durch ein Diagramm eliminiert werden. Die asymptotische Breite beschreibt im Laufe eines Tages eine Sinuskurve. Sie ändert sich insgesamt um 47°. Das solare Plasma hat also verschiedene Anströmwinkel gegen das Erdmagnetfeld. Infolge der verschiedenen Stellungen der Rotationsachse und damit wieder der Dipolachse im Laufe des Jahres relativ zur Sonne entsteht der jahreszeitliche Effekt im Tagesgang. Die tages- und jahreszeitlichen Schwankungen der asymptotischen Richtungen lassen sich darstellen durch

$$\Lambda(T) = \bar{\Lambda} - 23,5° \cos(t \frac{2\pi}{24} + \tau \frac{2\pi}{365}) \tag{14}$$

T = Zeit
t = Stunden seit Tagesbeginn
τ = Tage seit dem 21. 12. (Wintersolstitium)
$\bar{\Lambda}$ = asymptotische Breite der Station für die mittlere Energie in Grad

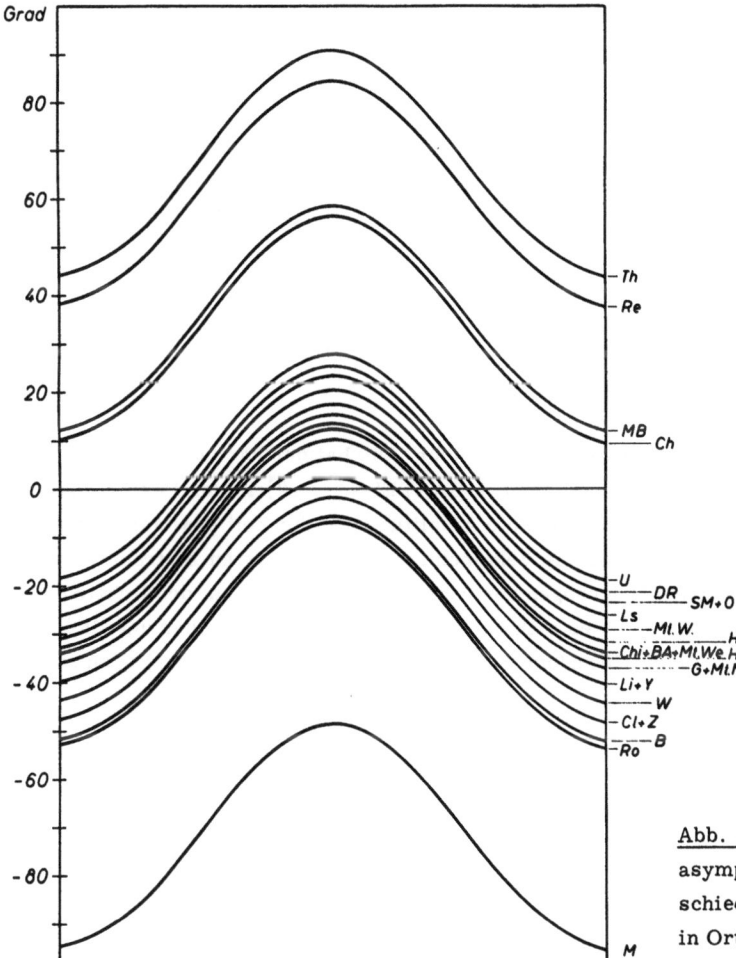

Abb. 3: Tägliche Schwankung der asymptotischen Breite für die verschiedenen Stationen. (Abszisse in Ortszeit, Ordinate in Grad.) Die Abkürzungen der Stationsnamen sind in Tabelle 1 erklärt.

Diese Sinuskurven sind in Abb. 3 dargestellt. Sie sind in dieser Form gerade für den 21. Dezember gültig. Für andere Jahreszeiten ist eine Verschiebung der Zeitskala (Abszisse) notwendig. In den sinusförmigen Kurven, die die asymptotischen Richtungen beschreiben, lassen sich 3 Größen darstellen: 1. die asymptotische Breite jeder Station, 2. die Zeit des Maximums vom Tagesgang, 3. die asymptotische Länge jeder Station. Für jede Station wird zunächst die entsprechende Kurve aufgesucht, sodann die Zeit des Maximums des Tagesganges eingetragen, und dazu die asymptotische Länge im Sinne fortschreitender Tageszeit addiert. Anomalien des Erdmagnetfeldes werden nicht berücksichtigt. Außerdem werden eventuelle Bewegungen der Anisotropie innerhalb von 24 Stunden vernachläßigt, da die Zeit des Maximums jeweils in Ortszeit eingesetzt wird. Die asymptotische Breite ist auf den geomagnetischen Äquator bezogen, der 12.00 h Ortszeit gerade 12° über der Ekliptik und 24.00 h Ortszeit 35° unter der Ekliptik steht. Dieses Bezugssystem ist willkürlich. Das Diagramm gibt also den Winkel zwischen der Quelle und der Ebene der Ekliptik nicht absolut, sondern nur relativ wieder. Der Azimutwinkel in der Ebene der Ekliptik wird aber absolut dargestellt. Jede Station liefert pro Tag einen Punkt der Anisotropie. Je stärker sich die Punkte in einer Wolke häufen, umso ausgeprägter ist die extraterrestrische Anisotropie. Wird diese Darstellung über mehrere zusammenhängende Tage fortgesetzt, so ist daraus die Positionsänderung der Anisotropie zu erkennen.

§ 3 . Untersuchungsmethoden

a) Harmonische Analyse

Eine exakte mathematische Beschreibung der täglichen Periode liefert die harmonische Analyse. Die mit statistischen Fehlern behafteten Meßwerte der kosmischen Strahlung werden durch die harmonische Analyse in Amplituden- und Phasenwerte transformiert. Letztere geben Auskunft über die Zeit des Maximums des Tagesganges.

In den älteren Arbeiten wurde der Tagesgang über Monate und Jahre gemittelt und dann erst harmonisch analysiert. Aus solchen Untersuchungen kann nur das Langzeitverhalten des Tagesganges, etwa im Laufe eines Sonnenfleckenzyklus, erschlossen werden.

Praktisch interessieren nur die I. und II. Harmonische. Die bei der harmonischen Analyse ermittelten Koeffizienten a_1, b_1 und a_2, b_2 werden nach BARTELS [2, 22] in der Periodenuhr dargestellt. Der Vektor aus den Koeffizienten gibt dann die Amplitude und die Zeit des Maximums der täglichen Periode wieder. Zweckmäßig war es, die Vektoren für die analysierten Zeiträume in der Periodenuhr zu addieren, da dann zeitliche Änderungen von Amplitude und Phase am deutlichsten sichtbar werden. Außerdem ist dann zu ersehen, ob es sich um eine persistente Welle oder um ein "Random Walk" handelt. Die Expektanz C für ein "Random Walk" (Radius des Fehlerkreises) wird nach BARTELS als die Größe

$$C_v = \frac{2\sigma}{\sqrt{r}} \qquad (15)$$

σ = statistischer Fehler
r = Zahl der Ordinaten bei der harmonischen Analyse
v = I. oder II. Harmonische

berechnet.

Der Phasenfehler ergibt sich aus dem Tangens von C und A (A = Amplitude)

$$\text{tg } \varphi = \frac{C}{A} \tag{16}$$

Die Persistenz der I. Harmonischen des Tagesganges ist von anderen Autoren [z. B. 23] an Hand von Monats- und Jahresmitteln nachgewiesen worden. In dieser Arbeit wird daher das Schwergewicht auf die Analyse von Einzeltagen der IGY-Neutronenstationen gelegt, um das dynamische Verhalten der Quelle zu untersuchen. Diese Analysen haben folgende Vorteile:

1. Der im Vergleich zu Monatsmitteln größere statistische Fehler bei Einzeltagen wird teilweise kompensiert durch die größere Amplitude bei Einzeltagen, denn die Amplitude ist bei Langzeitmitteln infolge der Phasenschwankungen und langen Perioden mit kleinen Amplituden verkleinert.

2. Physikalisch reale kurzzeitige Schwankungen werden aufgedeckt, die bei der Mittelbildung über lange Zeiten verlorengehen.

3. Durch die gleichzeitige Analyse der wichtigsten IGY-Stationen können lokal begrenzte Anisotropien erkannt werden. Als Kriterium für die physikalische Realität wird das gleichzeitige Auftreten einer Schwankung bei mindestens zwei benachbarten Stationen angesehen.

Die harmonische Analyse liefert erst eine richtige Beschreibung der täglichen Periode, wenn die nach Weltzeit auftretenden linearen Schwankungen der Tagesmittelintensität eliminiert sind. Von PARSONS [24] wurden diese Weltzeiteffekte erst nach der harmonischen Analyse von Monatsmitteln durch Subtraktion eines Vektors eliminiert, der für sämtliche Stationen den besten Gleichlauf der Monatsmittelvektoren ergibt. Diese Methode läßt sich nur graphisch durchführen und ist bei der Analyse von Einzeltagen nicht anwendbar. In der vorliegenden Arbeit wurden daher die Weltzeiteffekte schon vor der Analyse durch die Subtraktion von gleitenden 24-Stundenmitteln von den Originalwerten eliminiert. Die so entstandenen Differenzen wurden dann erst der harmonischen Analyse unterworfen. Dasselbe Glättungsverfahren hat inzwischen auch KANE [25] 1961 angewandt.

b) Graphische Analyse

Neben der harmonsichen Analyse ist es zweckmäßig, Spezialfälle von Tagesgängen, insbesondere solche, die zusammen mit Forbush-Effekten auftreten, noch einmal graphisch zu untersuchen. Es ist dazu notwendig, die 2-Stundenregistrierungen der Neutronenstationen aufzuzeichnen und aus dem Verlauf der Kurve Rückschlüsse auf die Eigenart der Tagesgänge zu ziehen. Die Methode hat folgende Vorteile:

1. Bei Forbush-Effekten ist die vor der harmonischen Analyse angewandte Methode zur Korrektur des linearen Ganges nicht völlig korrekt, da hier das gleitende 24-Stundenmittel der schnellen Änderung der Tagesmittelintensität nicht folgt. Die Aufzeichnung der 2-Stundenwerte gestattet eine genauere Trennung von Weltzeit- und Ortszeiteffekten. Außerdem sind systematische Phasenänderungen direkt erkennbar.

2. In manchen Fällen läßt sich so auch entscheiden, ob die Anisotropie durch eine Zusatzstrahlung oder eine Abschirmung der Tagesmittelintensität zustande kommt.

3. Anisotropien, die rasch ihre Position ändern und innerhalb eines Tages von einer Station zweimal registriert werden, sind weder durch die erste noch durch die zweite Harmonische korrekt darzustellen.

§ 4   - 16 -

4. Die graphische Analyse liefert eine direktere Beschreibung der speziellen Formen des Tagesganges, die durch die harmonische Analyse einfach in Amplituden- und Phasenwerte transformiert werden.

5. Lokal begrenzte Weltzeiteffekte lassen sich erkennen. Das sind wahrscheinlich Übergangseffekte von der isotropen zur anisotropen Variation. Graphische Analysen des Tagesganges wurden ausgeführt von den Autoren [4, 26, 27].

In der Literatur finden sich noch weitere Untersuchungsmethoden für die tägliche Periode.

1. Gleitende 24-Studenmittel werden von gleitenden 12-Stundenmitteln subtrahiert [28].

2. Die Differenzen zwischen Tag- und Nachtwerten werden gebildet [29].

3. Die Variabilität - das ist die Summe der Quadrate der Zweistundenabweichungen vom Tagesmittelwert - wird bestimmt [30].

C. Eigenschaften der Anisotropien

§ 4. Solar-terrestrische Einflüsse

a) Sonnenfleckenzyklus und Tagesgang

Es ist heute allgemein anerkannt, daß der Tagesgang von solaren Ereignissen erzeugt wird. Die im Zusammenhang mit Eruptionen abgestoßenen Plasmawolken modulieren durch ihre elektrischen und magnetischen Felder die galaktische kosmische Strahlung. Aus den Arbeiten zahlreicher anderer Autoren ist das mittlere Verhalten des Tagesganges im Zusammenhang mit dem 11-jährigen Sonnenfleckenzyklus recht gut bekannt. FORBUSH und VENKATESAN [23] führten harmonische Analysen der Ionisationskammerregistrierungen aus der Zeit 1937 bis 1959 durch für die Stationen Huancayo, Cheltenham und Christchurch. Nach ihren Er-

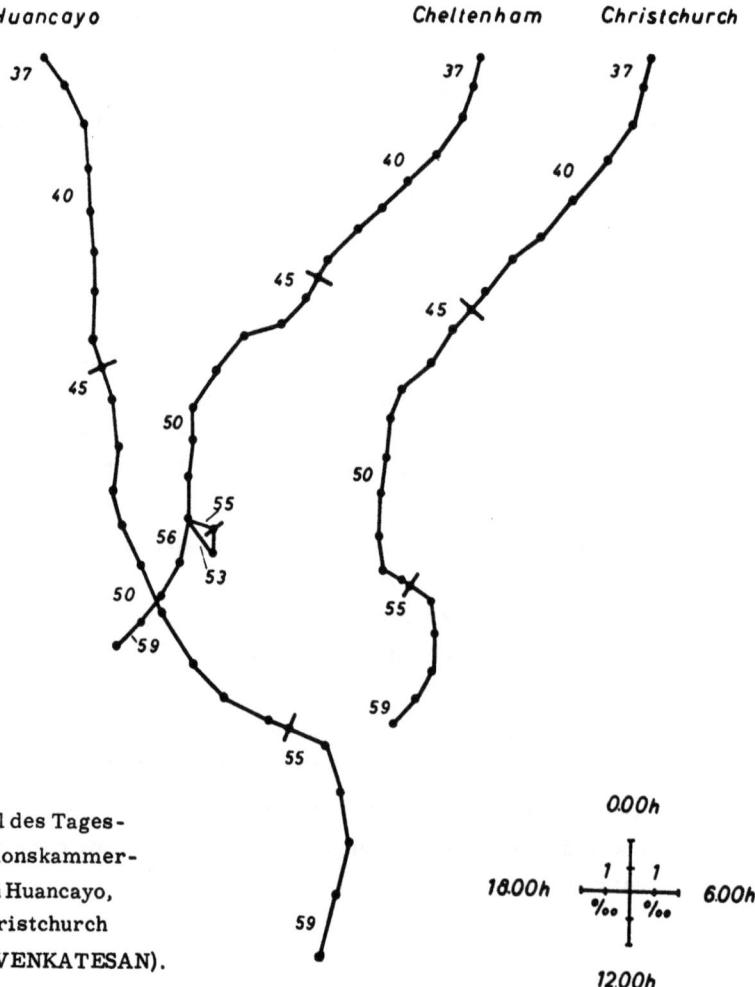

Abb. 4: Jahresmittel des Tagesganges nach Ionisationskammerregistrierungen von Huancayo, Cheltenham und Christchurch (nach FORBUSH u. VENKATESAN).

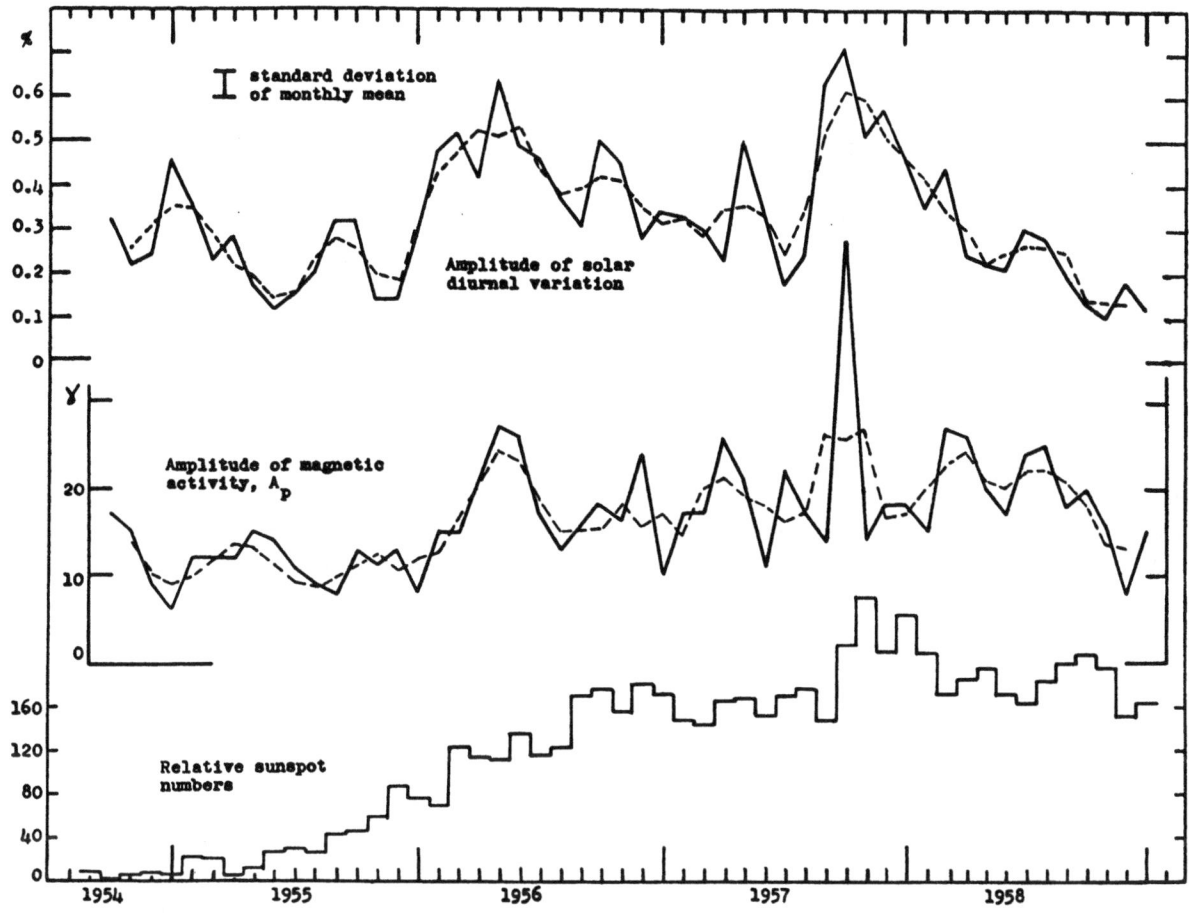

Abb. 5: Langzeitverhalten der Amplituden des Tagesganges der Station Leeds (nach MARSDEN u. BEGUM).

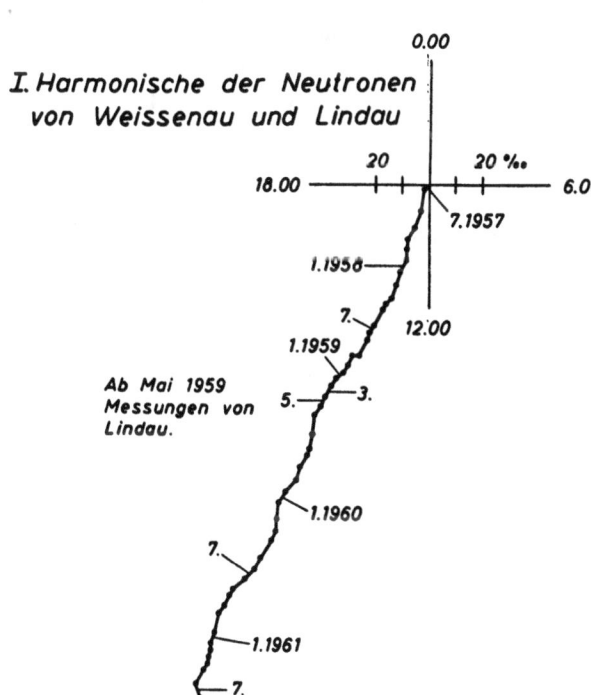

Abb. 6: Monatsmittel des Tagesganges der Stationen Weissenau und Lindau von 1957 - 1962.

gebnissen wurde Abb. 4 gezeichnet. Die Arbeiten [31, 32, 33, 34, 35, 36, 37] befassen sich noch mit dem Langzeitverhalten des Tagesganges. Es wurde ein 22-jähriger Zyklus in der Phasenschwankung nachgewiesen, der mit dem Sonnenfleckenzyklus zusammenhängt. Neutronenregistrierungen aus dem vergangenen Sonnenfleckenminimum der Station Leeds sind von MARSDEN und BEGUM [38] analysiert worden: Abb. 5. Im Sonnenfleckenminimum von 1954 ist eine tägliche Periode mit etwas verkleinerter Amplitude vorhanden. Die Autoren finden eine relativ gute Korrelation zwischen der Amplitude und den magnetischen Ap-Werten, die besser ist als mit der relativen Sonnenfleckenzahl. Die Analyse von Monatsmittelwerten der Stationen Weissenau und Lindau von 1957 bis 1962 zeigt Abb. 6. Eine Amplituden- und Phasenänderung ist in dieser Zeit nicht mit Sicherheit nachweisbar. Die Analysen umfassen einen zu kurzen Zeitraum des Fleckenzyklus, um eine genauere Aussage über das Langzeitverhalten von Amplitude und Phase machen zu können. Nach KATZ-MANN [37] verschiebt sich die Zeit des Maximums von 1955 bis 1960 nach späteren Tageszeiten. Er findet keine Korrelation zwischen der täglichen Periode und der 10,7 cm Radiostrahlung der Sonne.

Tabelle 1 gibt die Amplituden- und Phasenwerte der analysierten IGY-Stationen wieder. Die größten Amplituden wurden von Stationen in mittleren geomagnetischen Breiten registriert. Die Zeit des Maximums verschiebt sich von den äquatorialen zu den polaren Stationen nach späteren Zeiten. Eine weitere Diskussion erfolgt im Zusammenhang mit Abb. 18.

b) 27-tägige Periode

Kurzzeitige Schwankungen des Tagesganges können nur durch die Analysen von Einzeltagen erkannt werden. Die in der Tagesmittelintensität nachgewiesene Schwankung mit 27-tägiger Periode wurde auch im Tagesgang selbst gesucht. Die ausgeführten Chree-Analysen [39] an Amplitude und Phase mit besonders großen Amplituden und Zeiten mit großer Phasenänderung als Stichtagen ergaben keinen sicheren Nachweis einer 27-tägigen Periode. Wahrscheinlich würde aber die Chree-Analyse über größere Zeiträume als ein halbes Jahr ein positives Ergebnis bringen. Nach Analysen von KANE [29], REMY und SITTKUS [40, 41] und MESSERSCHMIDT [4] ist eine 27-tägige Periode des Tagesganges vorhanden. Wahrscheinlich ist die 27-tägige Periode im Sonnenfleckenminimum besser nachweisbar, da dann nicht so viele große und kurzzeitige Eruptionen auftreten wie im Sonnenfleckenmaximum, sondern die Fleckenaktivität über einige Sonnenrotationsdauern erhalten bleibt.

c) Quasiperiodische Schwankungen

Das wichtigste Ergebnis der Analysen von Einzeltagen ist der Nachweis von quasiperiodischen Schwankungen im Tagesgang als allgemeine Erscheinung. Erste Hinweise auf Amplituden- und Phasenänderungen gaben REMY und SITTKUS [40]. An Einzelbeispielen wurden systematische Phasenänderungen auch von WALTHER [26] sowie von GALLI und RANDI [42] und DUGGAL und POMERANTZ [43] nachgewiesen.

Eine solche Periode von etwa 3 - 5 Tagen Dauer setzt meist zu relativ später Tageszeit mit großer Amplitude ein. Im Verlaufe einiger Tage verschiebt sich die Zeit des Maximums nach früheren Tageszeiten, wobei eine Verkleinerung der Amplitude eintritt. Bis zur Wiederholung eines derartigen Vorganges können mehrere Tage mit wenig ausgeprägtem Tagesgang vergehen. Ersichtlich sind diese quasiperiodischen Schwankungen in der Periodenuhr aus der Aufzeichnung der Summenvektoren. Die Summenvektoren wurden für die wichtigsten europäischen, amerikanischen und asiatischen Stationen aufgezeichnet: Abb. 7, 8, 9 (S. 20 - 22).

Europäische Stationen

Die Vektoren aus den Entwicklungskoeffizienten a_1, b_1 wurden für die Stationen Uppsala, Leeds, Herstmonceux, Göttingen, Weissenau und Rom in der Periodenuhr für Juli-Dezember 1957 fortlaufend addiert. Die in Abb. 7 oben gezeichnete Periodenuhr ist gültig für Leeds und Herstmonceux, die untere für die restlichen europäischen Stationen.

Die Richtung der Vektoren gibt die Zeit des Maximums vom Tagesgang in der für jede Station gültigen Zonenzeit an. Der Unterschied gegen die tatsächliche Ortszeit wird vernachlässigt. Der Amplitudenfehler des Einzeltages ist in Tabelle 1 aufgeführt. Die Amplitude des Tagesganges kann mit Hilfe der in der Periodenuhr angebrachten Skala direkt abgelesen werden.

Tabelle 1   I. Harmonische der Neutronenkomponente.

Station		geomagnetische Breite (Grad)	Amplituden (IGY Mittel) ‰	T_{max} (O.Z.) (IGY Mittel) (h)	Amplituden (Mittel Juli-Dezemb. 57) ‰	T_{max} (O.Z.) (Mittel Juli-Dezemb. 57) (h)	Amplitudenfehler des Einzeltages ‰
Resolute	(Re.)	85,2	1,52 ± 0,13	16,3 ± 0,30	1,64 ± 0,23	15,0 ± 0,5	3,0
Thule	(Th.)	84,5	1,24 ± 0,13	14,3 ± 0,40	1,78 ± 0,22	16,1 ± 0,5	2,9
Murchison Bay	(M.B.)	75,1	1,45 ± 0,12	14,3 ± 0,30	1,58 ± 0,20	15,1 ± 0,5	2,6
Churchill	(Ch.)	72,8	3,30 ± 0,13	14,6 ± 0,15	3,69 ± 0,23	13,9 ± 0,25	3,1
Deep River	(D.R.)	60,5	3,68 ± 0,08	14,4 ± 0,10	4,16 ± 0,13	14,9 ± 0,10	1,8
Sulphur Mt.	(S.M.)	59,9	3,2 ± 0,06	13,7 ± 0,10	3,94 ± 0,10	12,9 ± 0,1	1,3
Ottawa	(O.)	59,7	3,2 ± 0,13	14,6 ± 0,15	4,0 ± 0,23	15,3 ± 0,2	3,1
Mt. Washington	(Mt.W.)	58,1	3,68 ± 0,07	13,0 ± 0,10	4,45 ± 0,12	14,3 ± 0,1	1,6
Uppsala	(Up.)	58,0	2,9 ± 0,11	13,3 ± 0,15	4,18 ± 0,19	14,7 ± 0,2	2,5
Yakutsk	(Y.)	57,8	2,21 ± 0,15	14,15 ± 0,20	3,8 ± 0,24	16,1 ± 0,3	3,2
Chicago	(Chi.)	55,4	3,0 ± 0,12	13,3 ± 0,15	3,15 ± 0,21	12,9 ± 0,2	2,8
Leeds	(Ls.)	54,4	2,75 ± 0,13	12,4 ± 0,2	4,56 ± 0,23	13,1 ± 0,2	3,1
Lincoln	(Li.)	52,8	3,33 ± 0,13	14,7 ± 0,15	4,61 ± 0,23	14,4 ± 0,2	3,1
London	(Lo.)	51,8	1,66 ± 0,11	13,3 ± 0,25	1,73 ± 0,18	13,2 ± 0,4	2,4
Herstmonceux	(Hx.)	51,2	2,51 ± 0,09	13,3 ± 0,10	2,83 ± 0,15	13,1 ± 0,2	2,0
Göttingen	(G.)	50,8	3,17 ± 0,10	13,6 ± 0,10	3,44 ± 0,18	15,4 ± 0,2	2,4
Climax	(Cl.)	48,9	2,9 ± 0,03	14,9 ± 0,04	3,64 ± 0,05	15,7 ± 0,05	0,7
Weissenau	(W.)	47,0	4,05 ± 0,11	13,6 ± 0,10	4,84 ± 0,19	15,2 ± 0,15	2,5
Zugspitze	(Z.)	46,5	3,89 ± 0,04	14,1 ± 0,04	4,0 ± 0,06	15,7 ± 0,06	0,9
Berkeley	(B.)	43,9	4,45 ± 0,11	13,35 ± 0,10	4,17 ± 0,20	13,6 ± 0,2	2,6
Rom	(Ro.)	40,3	2,7 ± 0,14	13,0 ± 0,20	3,13 ± 0,24	13,5 ± 0,3	3,2
Alma Ata	(A.A.)	38,7	2,41 ± 0,10	14,0 ± 0,20	2,10 ± 0,17	14,6 ± 0,3	2,3
Mt. Norikura	(Mt.N.)	28,5	2,79 ± 0,05	14,0 ± 0,10	3,87 ± 0,09	14,8 ± 0,1	1,2
Makapuu Point	(M.P.)	21,7	2,54 ± 0,13	10,3 ± 0,2	3,13 ± 0,23	9,8 ± 0,3	3,0
Ahmedabad	(A.)	15,7	3,2 ± 0,24	13,0 ± 0,30	2,77 ± 0,39	13,1 ± 0,5	5,2
Kodaikanal	(K.)	0,9	2,82 ± 0,13	12,9 ± 0,2	2,63 ± 0,22	12,7 ± 0,3	3,0
Huancayo	(H.)	-0,1	2,3 ± 0,05	12,8 ± 0,10	2,42 ± 0,08	13,1 ± 0,1	1,0
Makerere	(Ma.)	-7,0	3,6 ± 0,08	13,1 ± 0,10	4,16 ± 0,12	13,7 ± 0,1	1,6
Mina Aguilar	(M.A.)	-9,9	2,46 ± 0,04	12,0 ± 0,10	3,9 ± 0,06	11,3 ± 0,1	0,9
Buenos Aires	(B.A.)	-20,4	1,62 ± 0,14	11,7 ± 0,30	2,27 ± 0,22	9,9 ± 0,4	2,9
Rio de Janeiro	(R.J.)	-12,2	1,7 ± 0,19	13,7 ± 0,4	1,22 ± 0,29	14,3 ± 0,9	3,8
Lae	(L.)	-14,7	2,4 ± 0,20	9,1 ± 0,30	2,86 ± 0,34	8,5 ± 0,5	4,5
Ushuaia	(U.)	-43,2	2,2 ± 0,12	12,0 ± 0,2	—	—	—
Mt. Wellington	(Mt.We.)	-51,5	3,0 ± 0,09	14,45 ± 0,10	3,02 ± 0,16	13,0 ± 0,2	2,1
Mawson	(M.)	-63,7	2,1 ± 0,09	16,6 ± 0,2	2,12 ± 0,17	16,1 ± 0,3	2,2

Tabelle 1 enthält die Stationsnamen mit ihren Abkürzungen, die geomagnetische Breite nach QUENBY und WEBBER [106], die aus den Monatsmittelwerten erhaltenen, über das ganze IGY gemittelten Amplituden und Zeiten des Maximums (O.Z. = Ortszeit in Zonenzeit). Nicht von allen Stationen standen volle 18 Monate zur Verfügung. Die Amplitudenfehler wurden nach Formel (15) berechnet. Es werden jeweils die auf- oder abgerundeten Werte angegeben. Der Phasenfehler wurde nach Formel (16) berechnet. Die nächsten 2 Spalten enthalten die Amplituden- und Phasenmittel für Juli-Dezember 57, die aus den analysierten Einzeltagen erhalten wurden. Das vor der Analyse angewandte Glättungsverfahren und die nur halbjährige Mittelung erklären die Unterschiede zu den IGY-Mittelwerten. Die letzte Spalte enthält den Amplitudenfehler für Einzeltage. Der Phasenfehler variiert mit der Amplitudengröße jedes einzelnen Tages und wird hier nicht angegeben.

§ 4 — 20 —

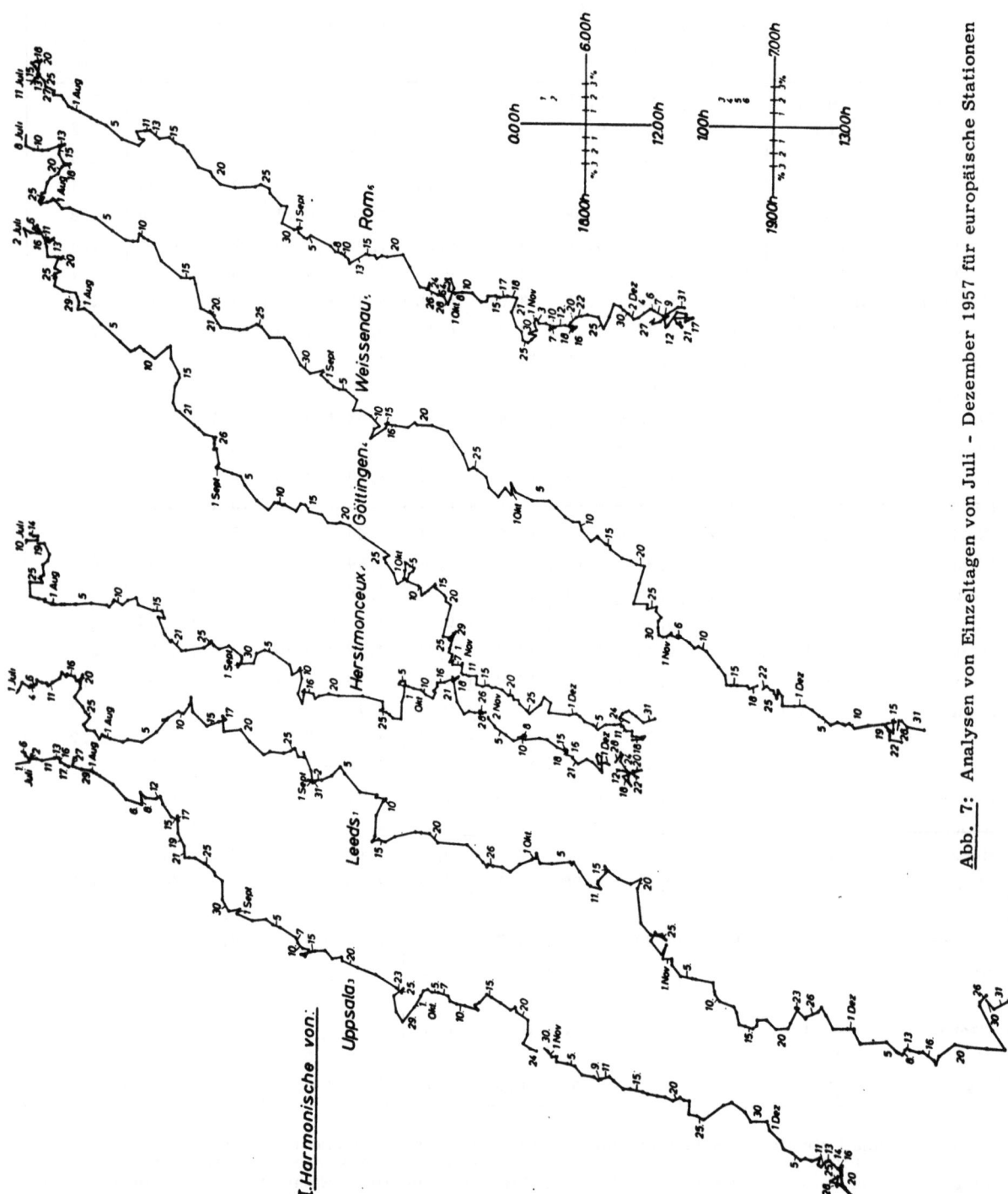

Abb. 7: Analysen von Einzeltagen von Juli - Dezember 1957 für europäische Stationen

- 21 - § 4

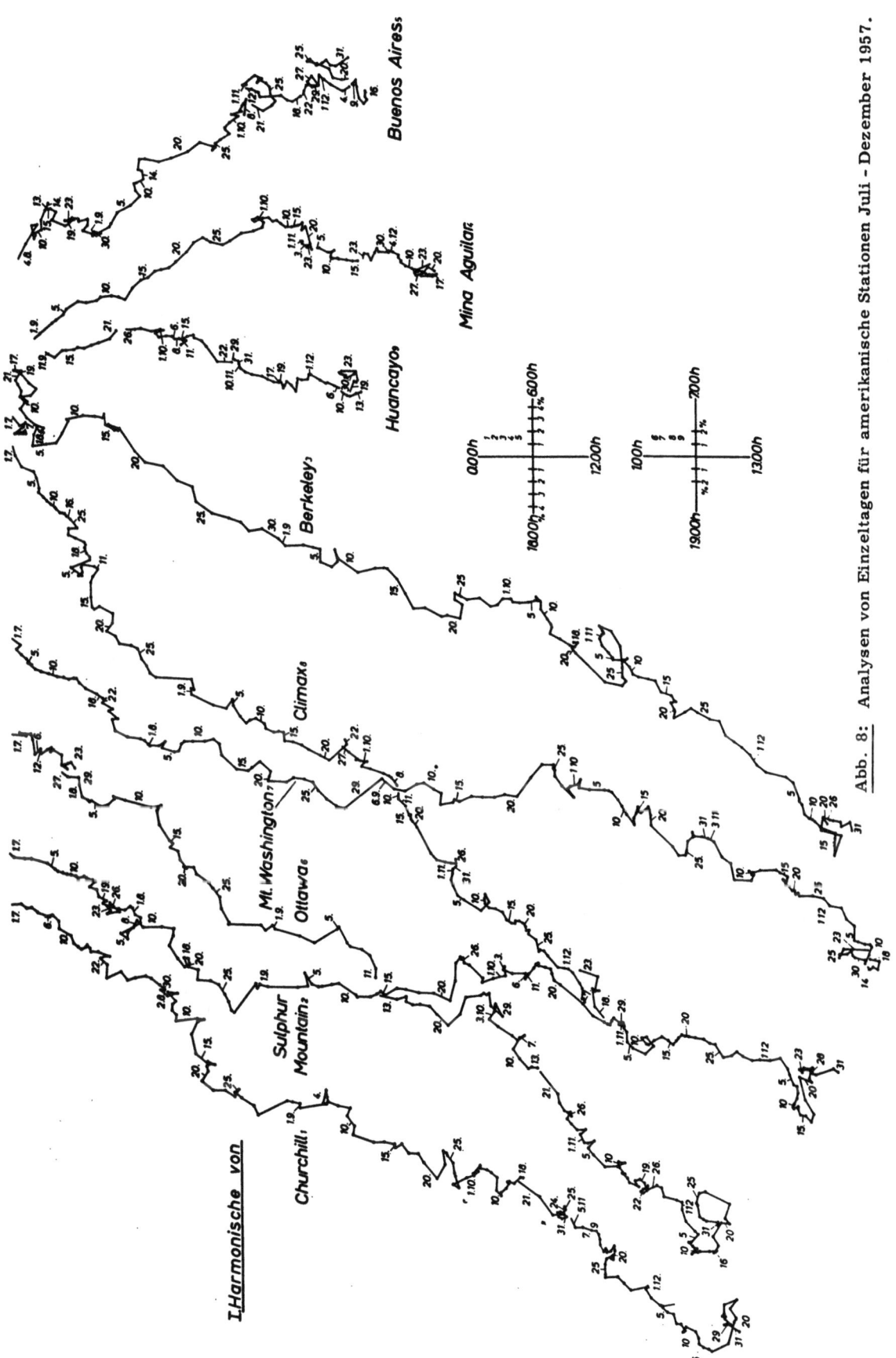

Abb. 8: Analysen von Einzeltagen für amerikanische Stationen Juli - Dezember 1957.

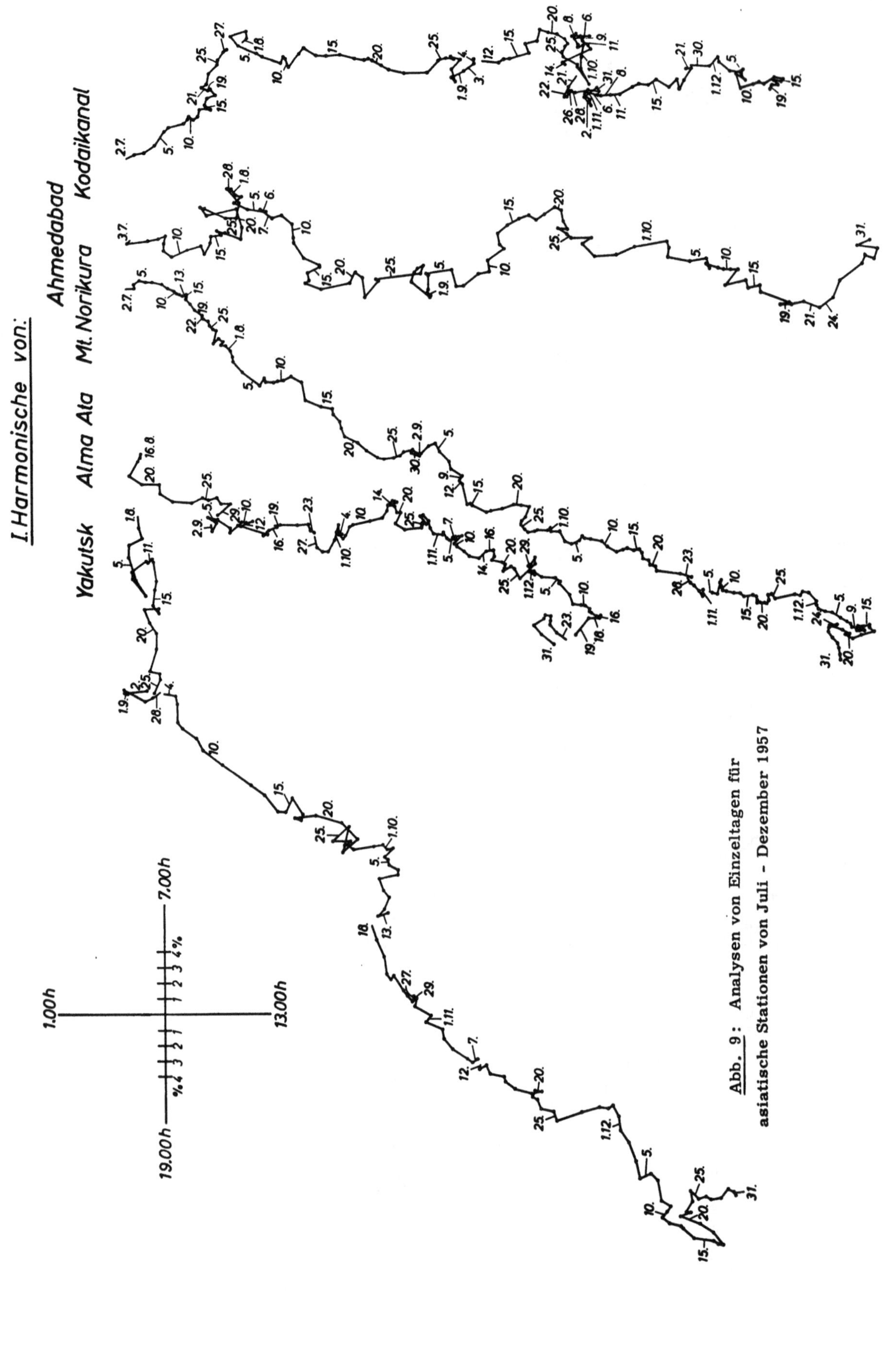

§ 4   - 22 -

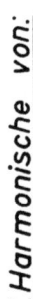

Abb. 9: Analysen von Einzeltagen für asiatische Stationen von Juli - Dezember 1957

Bis auf Göttingen und Weissenau haben die Stationen praktisch alle dieselbe mittlere Phasenlage. Herstmonceux und Rom weisen im Mittel kleinere Amplituden auf als die anderen Stationen. Derartige Unterschiede können durch verschiedene Absorberdicken über den Neutronenmonitoren bedingt sein.

Als allgemeine Erscheinung sieht man in den Kurven kontinuierliche Phasenänderungen von späten nach frühen Tageszeiten und meist sprunghafte Änderungen von frühen nach späten Zeiten. Die einzelnen quasiperiodischen Schwankungen kann man bei allen Stationen in etwas abgewandelter Form wiederfinden. Anfang und Ende einer quasiperiodischen Schwankung variiert von Station zu Station um ungefähr ± 1 Tag. Auffallend ist noch bei allen Stationen die geringe Persistenz der I. Harmonischen im Monat Dezember. In den Abb. 10 und 11 wird durch die simultane Aufzeichnung von Amplituden- und Phasenwerten verschiedener Stationen gezeigt, daß auch die Schwankungen im Monat Dezember physikalisch real sind. Ein quasiperiodisches Verhalten der Vektoren ist auch manchmal für längere Zeiten angedeutet, z. B. vom 1. - 10. 8. 1957.

Die im Jahresmittel eingehaltene Phasenlage ist wahrscheinlich durch die Tatsache bedingt, daß die den Tagesgang erzeugenden Plasmawolken immer von der Sonne auf die Erde zuströmen. Innerhalb eines Winkelbereiches von etwa 180° kann dann die Quelle systematische Positionsänderungen ausführen, die durch die Dynamik der Plasmawolken bedingt werden.

Ein Versuch, eine 27-tägige Periodizität im Tagesgang an den analysierten Einzeltagen nachzuweisen, brachte keine eindeutigen Ergebnisse. Ebenso war es nicht möglich, bei polnahen Stationen den theoretisch vorausgesagten Längeneffekt [20, 21] mit Sicherheit nachzuweisen, da er von den quasiperiodischen Schwankungen verdeckt wird.

Amerikanische Stationen

Die obere Periodenuhr ist gültig für Churchill, Sulphur Mountain, Berkeley, Mina Aguilar und Buenos Aires, die untere für die restlichen Stationen. Der Amplitudenfehler ist wieder in Tabelle 1 zu finden. Alle Stationen nördlicher geomagnetischer Breite haben etwa dieselbe Amplitude und Phasenlage. Die südlichen Stationen Huancayo, Mina Aguilar und Buenos Aires haben dagegen eine frühere Phasenlage und auch kleinere Amplituden. Auch bei den amerikanischen Stationen sind die quasiperiodischen Schwankungen in gleicher Weise vorhanden. Die einzelnen Quasiperioden stimmen wieder auf ± 1 Tag mit denen der europäischen Stationen überein. Auch bei den amerikanischen Stationen ist der Monat Dezember wenig persistent.

Asiatische Stationen

Die späteste Phasenlage und die größte mittlere Amplitude hat die Station Yakutsk. Die kleinsten Amplituden weist Alma Ata auf. Kodaikanal zeigt die früheste Phasenlage. Die frühe Phasenlage bei äquatornahen Stationen ist durch die stärkere Ablenkung der einfallenden Energien im Erdmagnetfeld bedingt, wie in Abb. 2 gezeigt wurde. Auch bei den asiatischen Stationen erkennt man wieder die quasiperiodischen Schwankungen; sie können somit als allgemeine Erscheinung im Tagesgang angesehen werden. Eine weitere Untersuchung dieser Schwankungen erfolgt in Abb. 10 und 11. Der Monat Dezember zeigt ebenfalls ein wenig persistentes Verhalten. Der Amplitudenfehler ist wieder in Tabelle 1 aufgeführt.

Es konnte mit Hilfe der Vektoren von Einzeltagen auch nachgewiesen werden, daß die Stationen an ≈ 90 % aller Tage einen signifikanten Tagesgang haben. Addiert man z. B. für Weissenau nur alle Vektoren, deren Amplituden ≦ 5 ‰ sind, so ergibt sich auch eine persistente Welle. Erst wenn man

Vektoren von $\leq 2,5$ ‰ Amplituden addiert, entsteht ein "Random Walk". Die Zahl dieser Fälle beträgt etwa 10 %. Die untere Amplitudengröße für signifikante Tagesgänge ist durch die Formel (15) festgelegt, wie hier direkt gezeigt werden konnte.

Eine streng mathematische Analyse der quasiperiodischen Schwankungen, wie sie etwa von SIEBERT [44] zur Analyse des Jahresganges der 1/n tägigen Variationen des Luftdruckes und der Temperatur durchgeführt wurden, ist hier nicht möglich, da die Periodenlänge nicht konstant bleibt. Die Amplituden- und Phasenwerte wurden daher simultan für benachbarte Stationen aufgezeichnet: Abb. 10 und 11. Die Abb. 11 zeigt, daß auch eine langsame, nicht sprunghafte Verschiebung der Zeit des Maximums nach späteren Tageszeiten eintreten kann. Es folgt weiter, daß ebenso im Monat Dezember physikalisch reale Schwankungen vorliegen, die als Summenvektoren gezeichnet, wenig persistent erscheinen. Die Phase läuft kurzzeitig (sogar innerhalb von 2 Tagen) von einer späten nach einer frühen Zeit durch und verschiebt sich auch wieder sprunghaft nach später Zeit. Die Anisotropie ändert also kurzfristig ihre Position. Da die Phasenänderungen - mit kleinen Unterschieden - bei allen Stationen auftreten, werden sie als physikalisch real angesehen. Am deutlichsten ist der Gleichlauf bei den amerikanischen Stationen zu sehen.

Die simultane Aufzeichnung der Amplituden- und Phasenwerte macht es auch möglich, die solaren und terrestrischen Einflüsse näher zu untersuchen. Diese Korrelationen wurden in einer neueren Arbeit von KANE [45] durch Chree-Analysen geprüft. KANE findet keine sichere Korrelation mit den Kp-Werten, der Horizontalkomponente des Erdmagnetfeldes, den geomagnetischen Störungen, Zentralmeridianpassagen aktiver Sonnenfleckengruppen, solarer Radioemission, Typ IV Radiostrahlung und Sonneneruptionen. Wird umgekehrt eine große Amplitude im Tagesgang als Stichtag für die Chree-Analyse gewählt, so ergibt sich nach KANE [45] auch keine Korrelation mit solaren und terrestrischen Ereignissen. Obwohl KANE's Untersuchungen über die Korrelation negativ ausfielen, kann heute kein Zweifel bestehen, daß der Tagesgang von solaren Ereignissen erzeugt wird. Von anderen Autoren wurde gefunden, daß nach starken magnetischen Störungen eine Vergrößerung der Amplitude eintritt, und die Zeit des Maximums sich nach früheren Tageszeiten verschiebt z. B. [46, 47, 48, 49].

Da die Überlagerung verschiedener Ereignisse in der Chree-Analyse, wie KANE's Ergebnisse zeigen, keine Korrelation nachweisen, muß jedes Ereignis einzeln untersucht werden. Die möglichen Korrelationen der Amplituden und Phasen für die analysierten IGY-Neutronenstationen mit solaren und terrestrischen Ereignissen sind in den Abb. 10 und 11 ebenfalls dargestellt. Es sind in diesen Abbildungen weltweite und lokal begrenzte Anisotropien zu erkennen. Sie enthalten auch sämtliche chromosphärischen Eruptionen auf der Sonne, geordnet nach Breitengürteln: $40°$ N bis $25°$ N, $25°$ N bis $25°$ S, $25°$ S bis $40°$ S. Außerdem werden die Eruptionen nach ihrer Lage östlich oder westlich des Zentralmeridians unterschieden. Ihre Zahl wird durch die Länge der senkrechten Striche (unten im Bild) dargestellt. Die dünnen Striche entsprechen Eruptionen der Klasse 2, die dicken solchen der Klasse 3. Die Abbildung enthält noch die Intensität der solaren Radiostrahlung von 3 000 MHz [50] und die Ap-Werte der Erdmagnetik [51]. Die Ap-Werte wurden verwendet, weil sie ein lineares Maß für die magnetischen Störungen sind. Es ist ersichtlich, daß nur in besonderen Fällen eine Korrelation mit dem Erdmagnetismus besteht. Das Maximum vom 28. 8. 57 bis 3. 9. 57 in der Radiostrahlung ist offenbar korreliert mit dem Ap-Maximum vom 31. 8. bis 5. 9. 57. Große Eruptionen gab es am 28. und 29. 8. 57 im Südosten, Nordosten und Nordwesten der Sonnenhemisphäre. Das Maximum vom 22. 9. 57 ist korreliert mit dem Ap-Maximum vom 23. 9. 57. Ebenso wurden Eruptionen vom 18. bis 21. 9. 57 im Nordosten und Nordwesten der Sonne beobachtet. Das Maximum in der Radiostrahlung vom 23. 11. 57 mit Eruptionen im Nordwesten und Südosten der Sonne verursacht das Maximum in den Ap-Werten vom 26. 11. 57. Vom 19. bis 31. 12. 57 tritt ein breites Maximum in der Radiostrahlung auf, das hauptsächlich durch Eruptionen im Nordosten der Sonne verursacht wird. In den Ap-Werten treten aber kaum Veränderungen auf.

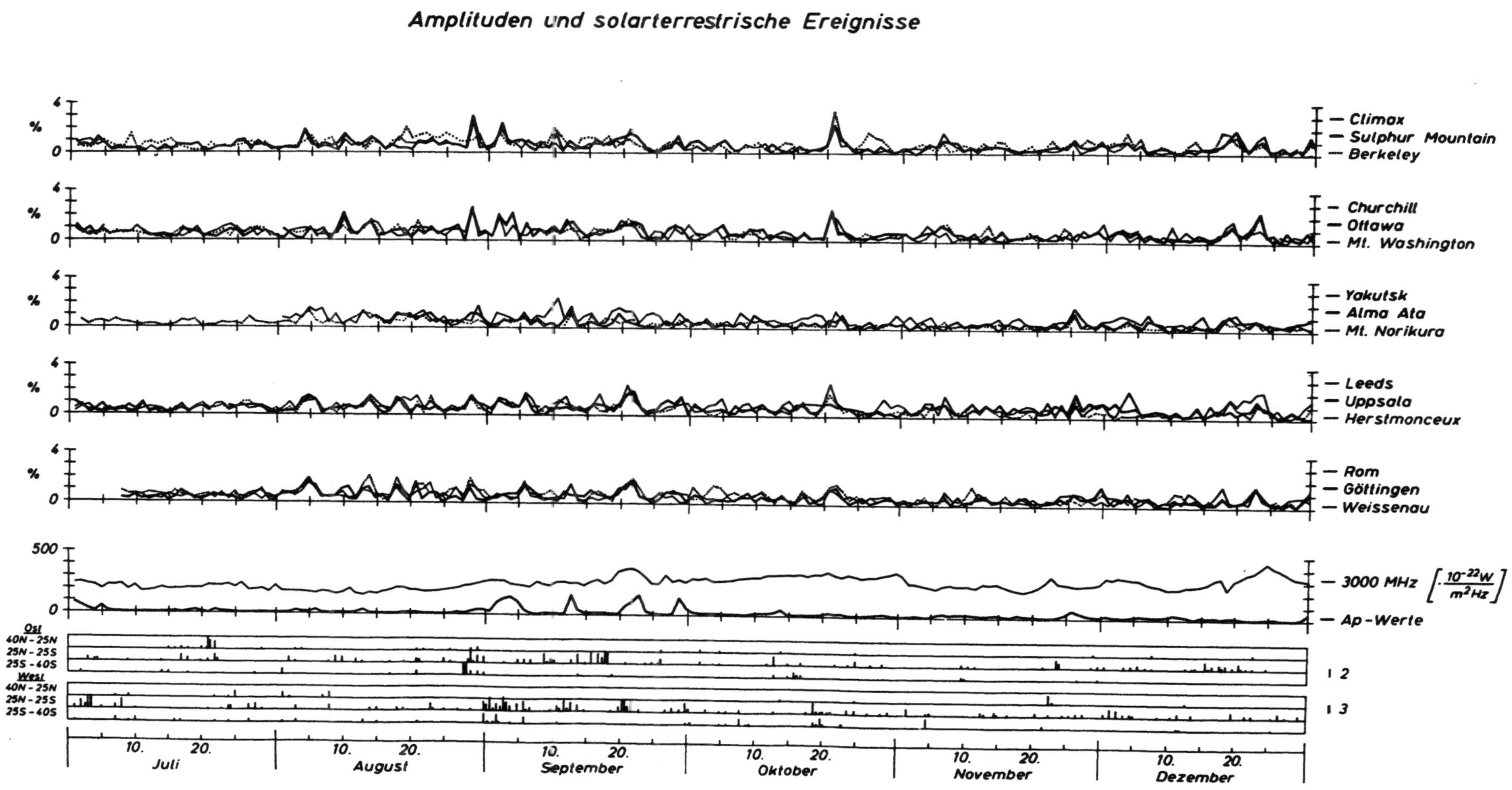

Abb. 10: Amplituden des Tagesganges für amerikanische, europäische und asiatische Stationen und solar-terrestrische Ereignisse

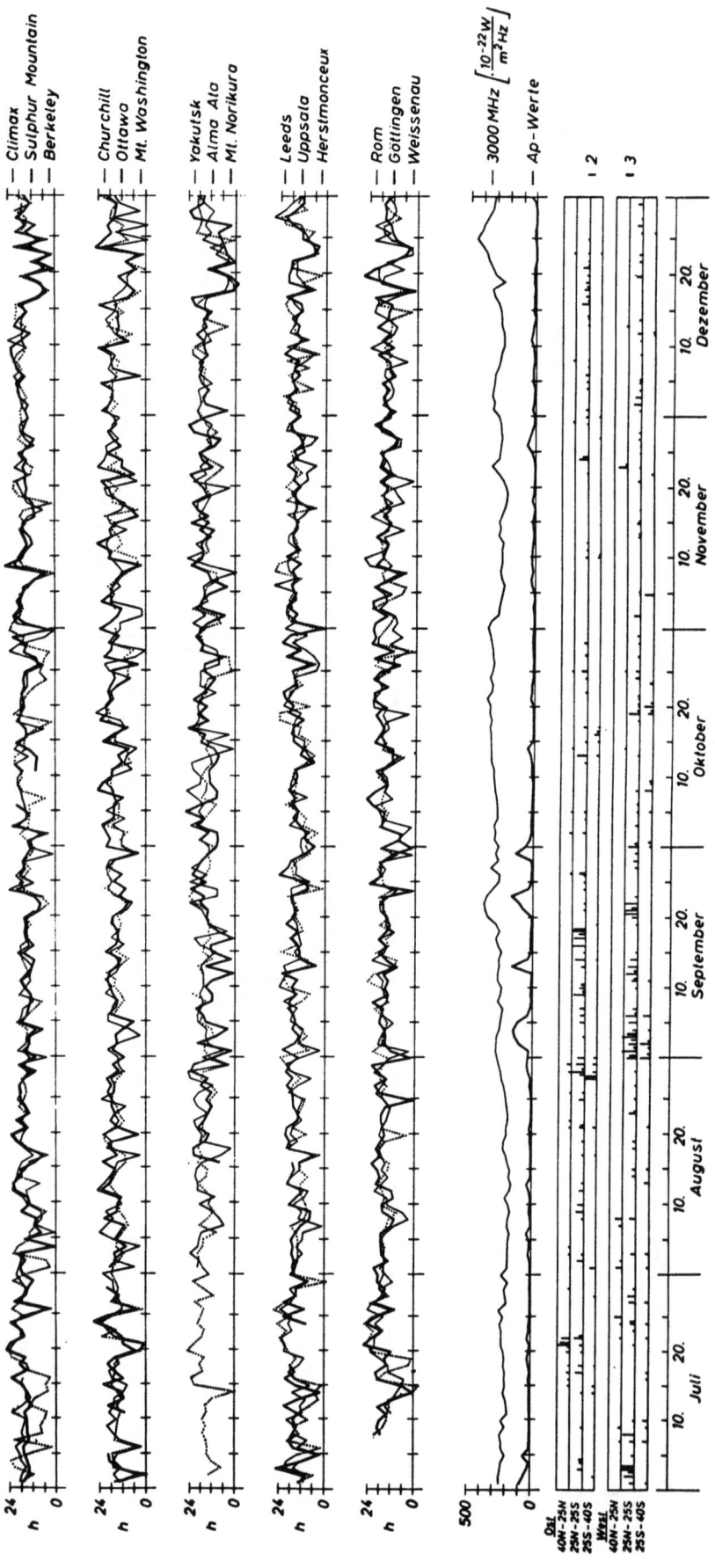

Abb. 1f: Phasen (Zeit des Maximums) des Tagesganges für amerikanische, europäische und asiatische Stationen und solar-terrestrische Ereignisse

Die folgende Zusammenstellung gibt eine Übersicht über die einzelnen Quasiperioden im Tagesgang und ihre mögliche Korrelation mit solaren Eruptionen. Die Daten wurden den Abb. 10 und 11 entnommen. Da die Radiostrahlung der Sonne wenig charakteristisch ist, werden nur die möglichen Korrelationen mit den solaren Eruptionen aufgezeigt.

Quasiperiodische Schwankungen

2. - 6. 7. 1957 T_{max} : Verschiebung von frühen nach späten und wieder nach frühen Tageszeiten; Ausnahme asiatische Stationen.

   A_1 : Keine wesentlichen Änderungen.

   Ursache : Zahlreiche Eruptionen im Westen der Sonne: 25° N - 25° S.

7. - 14. 7. 1957 T_{max} : Sprunghafte Verschiebung nach später und langsames Durchlaufen nach früher Tageszeit.

   A_1 : Keine wesentlichen Änderungen.

   Ursache : Eruptionen im Westen der Sonne: 25° N - 25° S.

15. - 20. 7. 1957 T_{max} : Sprunghafte Verschiebung nach später und langsames Durchlaufen nach früher Tageszeit.

   A_1 : Ein Maximum wird durchlaufen.

   Ursache : Eruptionen im Osten der Sonne: 25° N - 25° S.

21. - 26. 7. 1957 T_{max} : Langsame Verschiebung nach später und schnelle Änderung nach früher Tageszeit. Wenig ausgeprägt bei asiatischen und europäischen Stationen.

   A_1 : Ein Maximum wird durchlaufen.

   Ursache : Eruptionen im Osten der Sonne: 40° N - 25° N und 25° N - 26° S.

27. 7. - 3. 8. 1957 T_{max} : Wenig charakteristisch bei amerikanischen und asiatischen Stationen. Langsame Verschiebung von späten nach frühen Tageszeiten bei europäischen Stationen.

   A_1 : Wenig charakteristisch.

   Ursache : Eruptionen auf der ganzen Sonnenscheibe.

4. - 7. 8. 1957 T_{max} : Durchlaufen von frühen und späten und wieder nach frühen Tageszeiten. Wenig ausgeprägt bei asiatischen Stationen.

   A_1 : Ein deutliches Maximum wird durchlaufen.

   Ursache : Eruptionen auf der ganzen Sonnenscheibe.

8. - 12. 8. 1957 T_{max} : Sprunghafte Änderung nach später und Durchlaufen nach früher Tageszeit.

   A_1 : Amerikanische und einige europäische Stationen durchlaufen ein deutliches Maximum.

   Ursache : Unbestimmt.

13. 8. - 15. 8. 1957 T_{max} : Durchlaufen von später und früher Tageszeit.

   A_1 : Ein Maximum wird durchlaufen.

   Ursache : Unbestimmt.

§ 4 - 28 -

16. 8. - 20. 8. 1957	T_{max} :	Langsame Verschiebung nach später und wieder nach früher Tageszeit.
	A_1 :	Europäische und asiatische Stationen durchlaufen ein Maximum.
	Ursache :	Unbestimmt.
21. 8. - 24. 8. 1957	T_{max} :	Wenig ausgeprägte Änderungen.
	A_1 :	Ein Maximum wird durchlaufen.
	Ursache :	Einige große Eruptionen im Osten: $25°$ N - $25°$ S.
25. 8. - 28. 8. 1957	T_{max} :	Allmähliche Verschiebung nach später und wieder nach früher Tageszeit.
	A_1 :	Bei amerikanischen und europäischen Stationen wird ein kleines Maximum durchlaufen.
	Ursache :	Unbestimmt.
28. 8. - 31. 8. 1957	T_{max} :	Sprunghafte Verschiebung nach später und Durchlaufen nach früher Tageszeit.
	A_1 :	Ein deutliches Maximum wird durchlaufen.
	Ursache :	Große Eruptionen im Osten: $25°$ N - $25°$ S und $25°$ S - $40°$ S.
1. 9. - 5. 9. 1957	T_{max} :	Durchlaufen von später nach früher Tageszeit.
	A_1 :	Ein ausgeprägtes Maximum zeigen die amerikanischen Stationen.
	Ursache :	Große Eruptionen im Westen: $25°$ N - $25°$ S.
6. 9. - 11. 9. 1957	T_{max} :	Wenig charakteristisch, Überlagerung von zwei Quasiperioden.
	A_1 :	Amerikanische Stationen durchlaufen ein Maximum.
	Ursache :	Eruptionen im Westen: $25°$ N - $25°$ S.
11. 9. - 14. 9. 1957	T_{max} :	Verschiebung von früher nach später und wieder nach früher Tageszeit.
	A_1 :	Ein Maximum wird durchlaufen.
	Ursache :	Eruptionen im Westen: $25°$ N - $25°$ S.
15. 9. - 17. 9. 1957	T_{max} :	Verschiebung von früher nach später und wieder nach früher Tageszeit.
	A_1 :	Kleines Maximum nur bei asiatischen und europäischen Stationen.
	Ursache :	Eruptionen im Osten: $25°$ N - $25°$ S.
18. 9. - 22. 9. 1957	T_{max} :	Nur bei amerikanischen Stationen Verschiebung von früher nach später Tageszeit.
	A_1 :	Ein Maximum wird durchlaufen.
	Ursache :	Unbestimmt.
18. 9. - 24. 9. 1957	T_{max} :	Durchlaufen von später nach früher Tageszeit bei europäischen Stationen; wenig ausgeprägt bei asiatischen Stationen.
	A_1 :	Ein Maximum wird durchlaufen.
	Ursache :	Eruptionen im Osten: $25°$ N - $25°$ S und Westen: $25°$ N - $25°$ S.

26. 9. - 29. 9. 1957 T_{max} : Sprunghafte Veränderung von früher nach später und Durchlaufen nach früher Tageszeit.

A_1 : Ein Maximum wird durchlaufen.

Ursache : Eruptionen im Osten: $25°$ N - $25°$ S.

29. 9. - 2. 10. 1957 T_{max} : Verschiebung von früher nach später und wieder nach früher Tageszeit.

A_1 : Ein Maximum wird durchlaufen.

Ursache : Eruptionen im Westen: $25°$ N - $25°$ S.

3. 10. - 6. 10. 1957 T_{max} : Verschiebung von früher nach später und wieder nach früher Tageszeit.

A_1 : Nur amerikanische Stationen durchlaufen ein ausgeprägtes Maximum.

Ursache : Unbestimmt.

7. 10. - 13. 10. 1957 T_{max} : Verschiebung von früher nach später und wieder nach früher Tageszeit.

A_1 : Ein schwach ausgeprägtes Maximum wird durchlaufen.

Ursache : Unbestimmt.

14. 10. - 17. 10. 1957 T_{max} : Besonders amerikanische Stationen zeigen eine deutliche Verschiebung von frühen nach späten und wieder nach frühen Tageszeiten. Europäische und asiatische Stationen zeigen eine allmähliche Verschiebung nach später Tageszeit.

A_1 : Ein wenig ausgeprägtes Maximum wird durchlaufen.

Ursache : Eruptionen im Osten: $25°$ N - $25°$ S.

18. 10. - 20. 10. 1957 T_{max} : Verschiebung von früher nach später und wieder nach früher Tageszeit.

A_1 : Nicht charakteristisch.

Ursache : Eruptionen im Osten: $25°$ S - $40°$ S. und Westen: $25°$ N - $25°$ S.

21. 10. - 23. 10. 1957 T_{max} : Wenig charakteristische Verschiebung.

A_1 : Ein ausgeprägtes Maximum wird durchlaufen.

Ursache : Eruptionen im Westen: $25°$ N - $25°$ S und $25°$ S - $40°$ S.

23. 10. - 26. 10. 1957 T_{max} : Verschiebung von früher nach später und wieder nach früher Tageszeit.

A_1 : Wenig charakteristisch.

Ursache : Unbestimmt.

27. 10. - 30. 10. 1957 T_{max} : Verschiebung von früher nach später und wieder nach früher Tageszeit.

A_1 : Ein wenig ausgeprägtes Maximum wird durchlaufen.

Ursache : Unbestimmt.

31. 10. - 8. 11. 1957 T_{max} : Verschiebung von früher nach später und wieder nach früher Tageszeit. Idealer Gleichlauf bei Climax, Sulphur, Mountain und Berkeley. Bei europäischen Stationen ist noch eine kürzere Quasiperiode überlagert.

	A_1	:	Ein breites Maximum wird durchlaufen; wenig ausgeprägt bei asiatischen Stationen.
	Ursache	:	Eruptionen nur im Westen: $25°$ N - $25°$ S. und $25°$ S - $40°$ S.
9. 11. - 11. 11. 1957	T_{max}	:	Verschiebung von frühen nach späten und wieder nach frühen Tageszeiten.
	A_1	:	Ein kleines Maximum wird durchlaufen.
	Ursache	:	Eruptionen im Osten: $25°$ S - $40°$ S.
12. 11. - 17. 11. 1957	T_{max}	:	Allmähliche Verschiebung nach später und dann wieder nach früher Tageszeit.
	A_1	:	Wenig charakteristisch.
	Ursache	:	Eruptionen im Westen: $25°$ N - $25°$ S.
18. 11. - 22. 11. 1957	T_{max}	:	Langsame Verschiebung von früher nach später und wieder nach früher Tageszeit.
	A_1	:	Wenig charakteristisch.
	Ursache	:	Unbestimmt.
23. 11. - 26. 11. 1957	T_{max}	:	Verschiebung von früher nach später und wieder nach früher Tageszeit.
	A_1	:	Ein Maximum wird durchlaufen.
	Ursache	:	Eruptionen im Osten: $25°$ N - $25°$ S und Westen: $40°$ N - $25°$ N.
26. 11. - 30. 11. 1957	T_{max}	:	Ausgeprägte Verschiebung bei europäischen Stationen von frühen nach späten und wieder nach frühen Tageszeiten.
	A_1	:	Ein Maximum wird durchlaufen.
	Ursache	:	Unbestimmt.
1. 12. - 3. 12. 1957	T_{max}	:	Verschiebung von früher nach später und wieder nach früher Tageszeit.
	A_1	:	Ein Maximum wird durchlaufen.
	Ursache	:	Eruptionen im Osten: $25°$ N - $25°$ S.
4. 12. - 6. 12. 1957	T_{max}	:	Verschiebung von früher nach später und wieder nach füher Tageszeit.
	A_1	:	Ein Maximum wird durchlaufen, das bei europäischen Stationen wenig ausgeprägt ist.
	Ursache	:	Unbestimmt.
7. 12. - 11. 12. 1957	T_{max}	:	Verschiebung von früher nach später und wieder nach früher Tageszeit.
	A_1	:	Wenig charakteristisch.
	Ursache	:	Unbestimmt.
12. 12. - 14. 12. 1957	T_{max}	:	Verschiebung von früher nach später und wieder nach früher Tageszeit.
	A_1	:	Wenig charakteristisch.
	Ursache	:	Eruptionen im Westen: $25°$ N - $25°$ S.

15. 12. - 17. 12. 1957 T_{max} : Verschiebung von früher nach später und wieder nach früher Tageszeit.

A_1 : Wenig charakteristisch.

Ursache : Eruptionen im Osten: $25°$ N - $25°$ S.

18. 12. - 21. 12. 1957 T_{max} : Verschiebung von früher nach später und wieder nach früher Tageszeit.

A_1 : Ein Maximum wird durchlaufen.

Ursache : Eruptionen im Osten: $25°$ N - $25°$ S.

22. 12. - 23. 12. 1957 T_{max} : 2-tägiger Durchlauf von später nach früher Tageszeit.

A_1 : Ein Maximum wird vom 22. - 24. 12. durchlaufen.

Ursache : Eruptionen im Osten: $25°$ N - $25°$ S.

24. 12. - 25. 12. 1957 T_{max} : 2-tägiger Durchlauf von später nach früher Tageszeit.

A_1 : Ein Maximum wird vom 22. - 24. 12. durchlaufen.

Ursache : Eruptionen im Osten: $25°$ N - $25°$ S und Westen: $25°$ N - $25°$ S.

26. 12. - 27. 12. 1957 T_{max} : Verschiebung von später nach früher Tageszeit.

A_1 : Wenig charakteristisch.

Ursache : Unbestimmt.

28. 12. - 31. 12. 1957 T_{max} : Verschiebung von früher nach später und wieder nach früher Tageszeit.

A_1 : Wenig charakteristisch.

Ursache : Unbestimmt.

T_{max} = Zeit des Maximums der I. Harmonischen

A_1 = Amplitude der I. Harmonischen

Die angegebenen Zeiten für die Quasiperioden gelten nicht streng für sämtliche Stationen, sondern können um $\pm$ 1 Tag variieren. Eine Korrelation von Amplitude und Phase kommt in den meisten Quasiperioden zum Ausdruck. Mit später werdender Zeit des Maximums vergrößert sich die Amplitude. Bei sehr späten Zeiten des Maximums werden meistens kleine Amplituden beobachtet. Diese Zusammenhänge werden weiter unten noch untersucht.

Die Zuordnung der Anisotropien zu Eruptionen auf der Sonne ist nur mit einer gewissen Wahrscheinlichkeit möglich. Amplituden- und Phasenveränderungen werden hauptsächlich durch Eruptionen in Äquatornähe ausgelöst. Es gibt auch Amplituden- und Phasenänderungen, die scheinbar ohne Zusammenhang mit solaren Ereignissen auftreten. Die Gründe für die geringe Korrelation sind:

1. Die Eruptionen der Größenklassen 1 und 2 sind so zahlreich, daß die Zuordnung zwischen dem Tagesgang und einem bestimmten solaren Ereignis nicht ohne weiteres möglich ist. Nur große Eruptionen, die als weiteres Charakteristikum eine Typ IV Radiostrahlung zeigen, lassen sich bestimmten Ereignissen im Tagesgang zuordnen, wie BACHELET u. a. [52] fanden.

2. Die Eruptionen erzeugen Plasmawolken von großer Winkelausdehnung, so daß ein Tagesgang entsteht, ganz gleich, in welchem Quadranten der Sonnenscheibe die erzeugende Eruption auftrat.

3. Die Plasmawolken haben verschiedene Geschwindigkeiten, so daß die Wolken verschiedener Eruptionen ineinander fließen und die Identifizierung dadurch erschwert wird.

4. Die Charakteristiken der Wolken (elektromagnetische Felder, Plasmadichte, Wolkengeschwindigkeit und Winkelausdehnung) sind noch zu wenig bekannt, um eine genauere Korrelationsrechnung durchführen zu können.

5. Nicht jede Plasmawolke, die die Erde trifft, muß auch die auf der Erde einfallende kosmische Strahlung modulieren und umgekehrt. Es liegt daher der Gedanke nahe, nur den Einfluß solcher solarer Ereignisse zu untersuchen, die auch eine isotrope Modulation der kosmischen Strahlung verursachen, d. h. nach einer Korrelation zwischen Tagesmittelintensität der kosmischen Strahlung und der täglichen Periode zu suchen.

d) Verhältnis zur isotropen Variation

Unter isotroper Modulation versteht man weltweit gleichzeitig auftretende Schwankungen der Tagesmittelintensität. Sie zeigen meist eine gute Korrelation mit der Erdmagnetik [z. B. 53, 54, 55]. Die Untersuchungen ergaben, daß auch nur in Spezialfällen Zusammenhänge zwischen den Tagesgängen und der Tagesmittelintensität bestehen. Es kann nur die Folgerung gezogen werden, daß bei den meisten Forbush-Effekten eine Korrelation mit der täglichen Periode besteht. Die Amplitude wird größer und die Zeit des Maximums verschiebt sich nach früheren Tageszeiten. Da es auch Forbush-Effekte ohne Amplitudenvergrößerung gibt, ist es aber wenig sinnvoll, einen Korrelationskoeffizienten mathematisch zu berechnen, da er den physikalischen Verhältnissen nicht ganz gerecht wird. Außerdem gibt es auch Amplitudenveränderungen ohne Forbush-Effekte. Die harmonische Analyse der IGY-Daten zeigte (Abb. 10 und 11), daß es auch lokal begrenzte Anisotropien gibt. Eine Mittelung mehrerer Ereignisse verfälscht daher immer das Bild. Einige andere Autoren glauben, eine positive Korrelation zwischen der Tagesmittelintensität und der Phase des Tagesganges gefunden zu haben:

1. SARABHAI und BHAVSAR [56] fanden an der Mesonenkomponente von Ahmedabad (1956), daß Tage mit dem Maximum in der Nacht 3 Tage vor dem Stichtag der Chree-Analyse eine Tagesmittelintensität von $+(0,16 \pm 0,03)\%$ haben und 2 Tage danach $-(0,27 \pm 0,03)\%$.

2. SARABHAI und SATYAPRAKASH [57] zeigten an der Nukleonenkomponente von Kodaikanal (1956-57), daß Tage mit großen negativen Abweichungen der 2-Stundenwerte um 06.00 h Ortszeit mit -0,7 % der Tagesmittelintensität korreliert sind.

3. AHLUWALIA [58] berichtet, daß große negative Abweichungen der 2-Stundenwerte um 04.00 bis 06.00 h Ortszeit und 22.00 bis 24.00 h Ortszeit bei der Nukleonenkomponente von Ahmedabad, Kodaikanal, Huancayo, Makerere (1958) mit Tagesmittelintensitäten assoziiert sind, die im ersten Falle über, im zweiten Falle unter dem Mittelwert liegen.

In einer neueren Arbeit von KANE [30] werden ebenfalls die Korrelationen von Tagesmittelintensität und Tagesgang untersucht. KANE findet in Übereinstimmung mit den Lindauer Untersuchungen keine sichere Korrelation. Die Ergebnisse der Autoren [56, 57, 58] halten einer kritischen Betrachtung noch nicht stand, weil die Beobachtungszeit zu kurz und die Zahl der untersuchten Stationen zu gering ist. Bei der anisotropen Modulation ist wahrscheinlich ein anderer Mechanismus wirksam als bei der isotropen Modulation.

e) Amplituden-Phasenkorrelation

Eine weitere Möglichkeit zur Untersuchung der solaren Einflüsse auf den Tagesgang ist die Prüfung der Relationen zwischen Phase und Amplitude des Tagesganges. Ein erster Hinweis auf eine solche Korrelation wird von SARABHAI und KANE [59] gebracht. Sie fanden an den Ionisationskammerregistrierungen von Huancayo, Cheltenham und Christchurch aus der Zeit des Minimums von 1944 eine Amplituden-Phasenkorrelation mit r=+0,87. Eine Amplitudenvergrößerung ist verbunden mit einer Verschiebung des Maximums nach späteren Tageszeiten. Dasselbe ist aus den Auswertungen von AHLUWALIA und DESSLER [60] ersichtlich in Abb. 12. Im Sonnenfleckenminimum wird eine kleine Amplitude und eine frühe Zeit des Maximums gemessen. Umgekehrt liegen die Verhältnisse im Sonnenfleckenmaximum. Die Untersuchungen von Einzeltagen der IGY-Neutronendaten ergaben, daß es sich nicht um eine lineare Korrelation handelt. Dies zeigt Abb. 13. Die Punkte wurden in bezug auf die Ordinate gemittelt und durch eine Parabel angenähert. Nur die Amplituden, die direkt am Tage von Forbush-Effekten auftraten, wurden nicht berücksichtigt, da bei ihnen die Weltzeiteffekte nicht vollständig herauskorrigiert sind. Die Amplitude vergrößert sich im Mittel mit später werdender Phase, erreicht ein Maximum und fällt mit noch später werdender Phase wieder ab. Das Ergebnis widerspricht dem anderer Autoren, wonach mit Forbush-Effekten eine Amplitudenvergrößerung und eine Verschiebung der Zeit des Maximums nach früheren Tageszeiten eintritt. Es stellt aber einen zeitlichen Mittelwert aller Amplitudenphasen-Relationen von Juli bis Dezember 1957 dar.

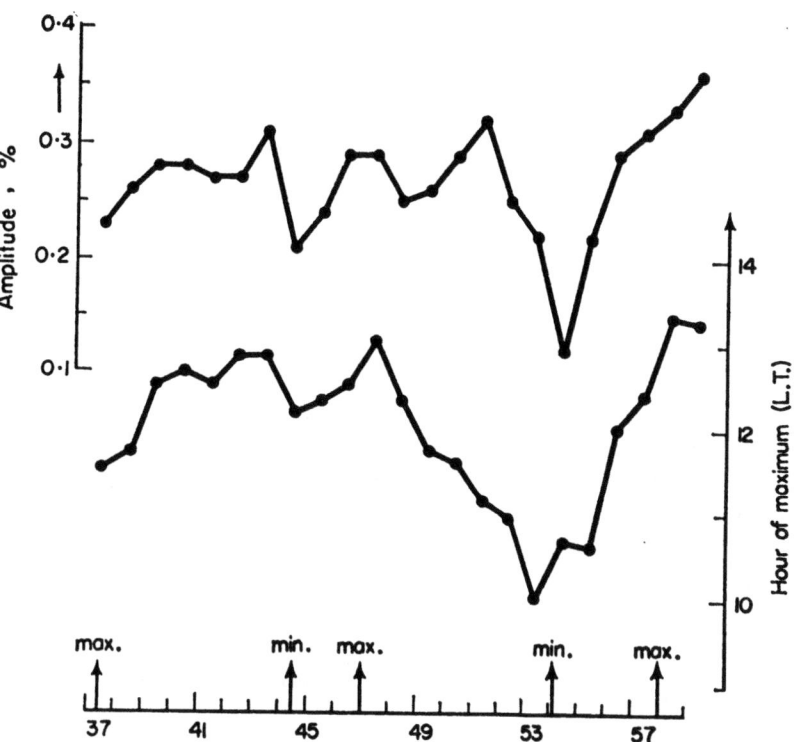
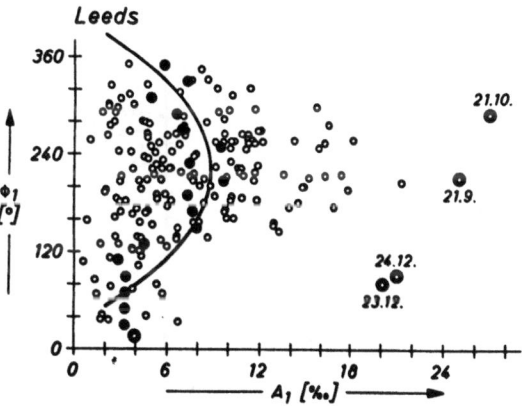
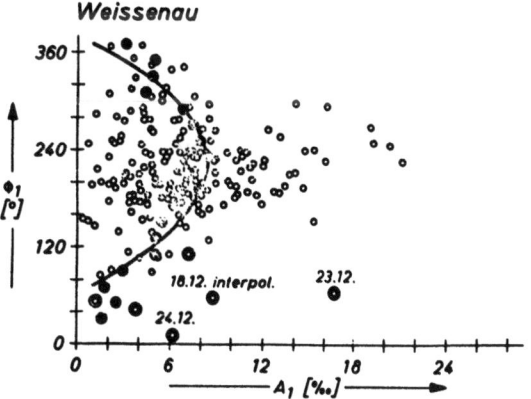

Abb. 12 (oben): Korrelationen zwischen Amplitude und Phase der Jahresmittelwerte von Huancayo.
Abb. 13 (rechts): Beziehungen zwischen Amplitude und Phase an Einzeltagen für Leeds und Weissenau. ⊚ = Tage mit Forbush-Effekten

§ 5. Position und Struktur der Anisotropien

Die Position der Anisotropien ergibt sich nach Korrektur der geomagnetischen Ablenkung der kosmischen Strahlung unter Berücksichtigung der bei der harmonischen Analyse erhaltenen Phasenwerte. Im Jahresmittel liegen die Anisotropien, wie schon DORMAN [7] fand, 80° östlich der Erdsonnenlinie. Eine genauere Positionsbestimmung läßt sich mit Hilfe des Diagramms von Abb. 3 ausführen, wie in § 2. d beschrieben wurde.

Die Darstellung der asymptotischen Richtungen für die IGY-Stationen zeigt, daß sich die Region der Anisotropie lokalisieren läßt. Sie kann oberhalb oder unterhalb der Ekliptik liegen. Manchmal lassen sich auch zwei Regionen lokalisieren. Aus der Darstellung der Anisotropien für mehrere aufeinanderfolgende Tage ergibt sich die Positionsänderung in dieser Zeit. Nur polnahe Stationen fallen meistens aus der Region heraus, da sie eine hohe asymptotische Breite haben. Da die Dipolachse immer dieselbe Neigung zur Rotationsachse hat, wird auch ein jahreszeitlicher Effekt erwartet, der aber mit den halbjährigen analysierten IGY-Daten nicht nachweisbar ist. Einige Beispiele sind in Abb. 14 und 15 dargestellt.

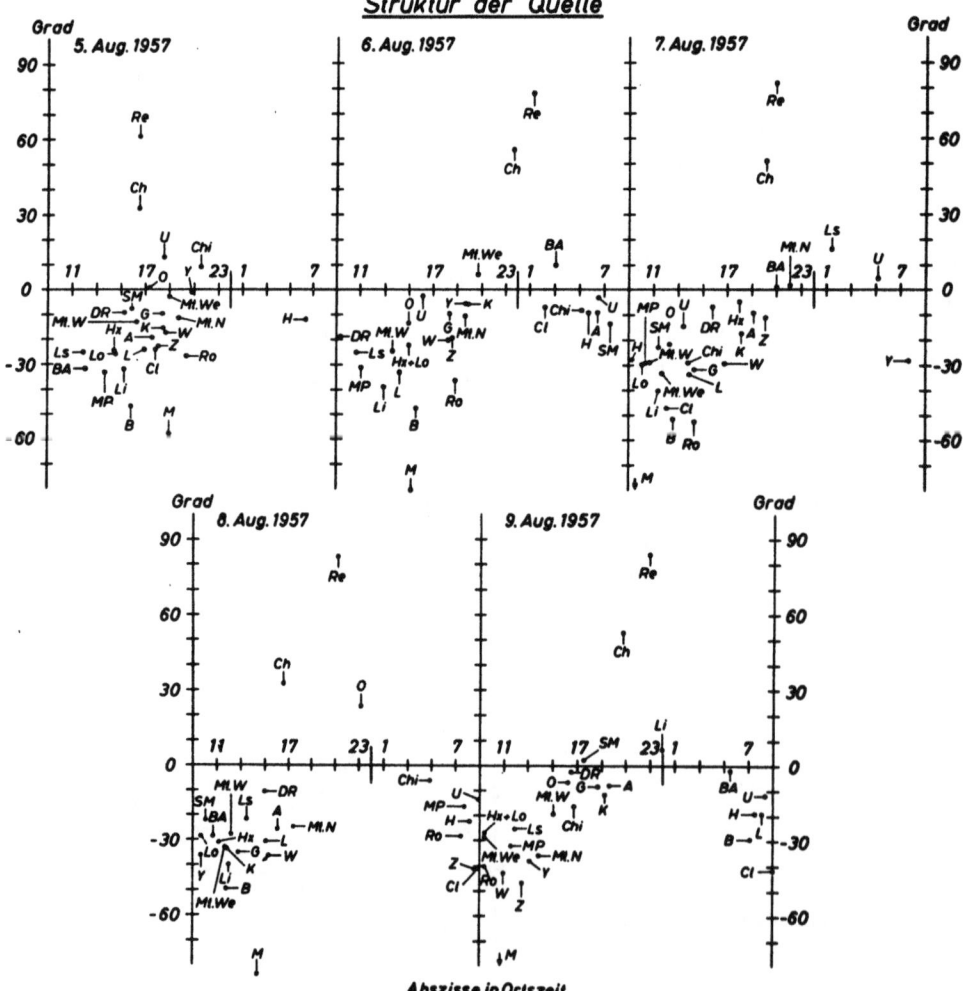

Abb. 14: Positionsänderung der Anisotropie vom 5. - 9. August 1957 (Stationsnamen in Tabelle 1)

Abb. 14 zeigt die Position der Anisotropie vom 5. - 9. 8. 57. Die Lage der Anisotropie in der Ebene der Ekliptik kann auf der Abszisse direkt abgelesen werden, da die geomagnetische Längenablenkung ebenfalls schon korrigiert ist. Liegen die Punkte zwischen 12.00 und 24.00 h, so befindet sich die Anisotropie östlich der Erd-Sonnenlinie, dagegen westlich dieser Linie, wenn sie zwischen 00.00 und 12.00 h liegen. Die Abbildung zeigt, daß die Anisotropie in Übereinstimmung mit den Ergebnissen anderer Autoren [z. B. 7] meistens östlich der Erdsonnenlinie liegt. Der Erhebungswinkel gegen die Ebene der Ekliptik wird aber in dieser Darstellung gemäß § 2. d nicht direkt dargestellt. Stationen in gleicher geomagnetischer Breite, aber von $180°$ Längenunterschied, können $47°$ höher oder tiefer liegen als es das Diagramm wiedergibt. Bei kleineren Längenunterschieden ist die Verschiebung entsprechend kleiner. Aus physikalischen Gründen ist aber nur eine Verschiebung in Richtung zur Ebene der Ekliptik wahrscheinlich.

Es ergibt sich speziell:

5. 8. 57: Die Punkte häufen sich in der Richtung von 17.00 h Ortszeit, etwa $15°$ unterhalb der Ekliptik. Der Schwerpunkt der Anisotropie erstreckt sich also von $15°$ südlich bis etwa $30°$ nördlich der Ekliptik.

6. 8. 57: Die Punktwolke wird räumlich gedehnt.

7. 8. 57: Die Punkte häufen sich um 13.00 h Ortszeit und $30°$ unterhalb der Ekliptik. Hier liegt der Schwerpunkt der Anisotropie südlich der Ekliptik.

8. 8. 57: Die Anisotropie liegt nun praktisch in Richtung der Erd-Sonnenlinie und $30°$ südlich bis $15°$ nördlich der Ekliptik.

9. 8. 57: Die Anisotropie dehnt sich räumlich.
Die amerikanischen Stationen Lincoln, Sulphur Mt., Deep River, Chicago, Ottawa sowie die Stationen Göttingen, Ahmedabad, Kodaikanal und Mt. Wellington registrieren das Maximum des Tagesganges zu einer späteren Zeit als am Vortage. Abb. 7 zeigt, daß für Göttingen die durchlaufene Quasiperiode schon am 8. 8. zu Ende ist und am 9. 8. der Sprung der Phase nach später Tageszeit erfolgt ist. Dasselbe gilt für die amerikanischen und asiatischen Stationen.

Abb. 15 zeigt die Position der Anisotropie vom 18. - 22. 12. 57.

18.12.57: Die Anisotropie ist stark in einem Raumbereich westlich der Erd-Sonnenlinie und südlich der Ekliptik konzentriert.

19.12.57: Die Anisotropie liegt mit ihrem Zentrum in der Erd-Sonnenlinie; sie streut aber über einen großen Winkelbereich. Die Stationen Mt. Wellington, Mt. Norikura, Yakutsk, Kodaikanal und Alma Ata behalten ihre Lage westlich der Erdsonnenlinie und südlich der Ekliptik.

20.12.57: Die Anisotropie hat sich in 2 Regionen getrennt; die eine liegt östlich, praktisch in der Ebene der Ekliptik, die andere westlich der Erd-Sonnenlinie und südlich der Ekliptik. Zur Region südlich der Ekliptik gehören die Stationen Chicago, Huancayo, Buenos Aires, Mt. Norikura, Herstmonceux, Göttingen, Yakutsk, Alma Ata.

21.12.57: Die beiden Regionen nähern sich wieder.

22.12.57: Es ist nur noch eine Anisotropie mit starker räumlicher Ausdehnung vorhanden. An manchen Tagen können also 2 Anisotropien vorhanden sein. Am 23. 12. 57 wird die Entwicklung durch einen Weltzeiteffekt gestört.

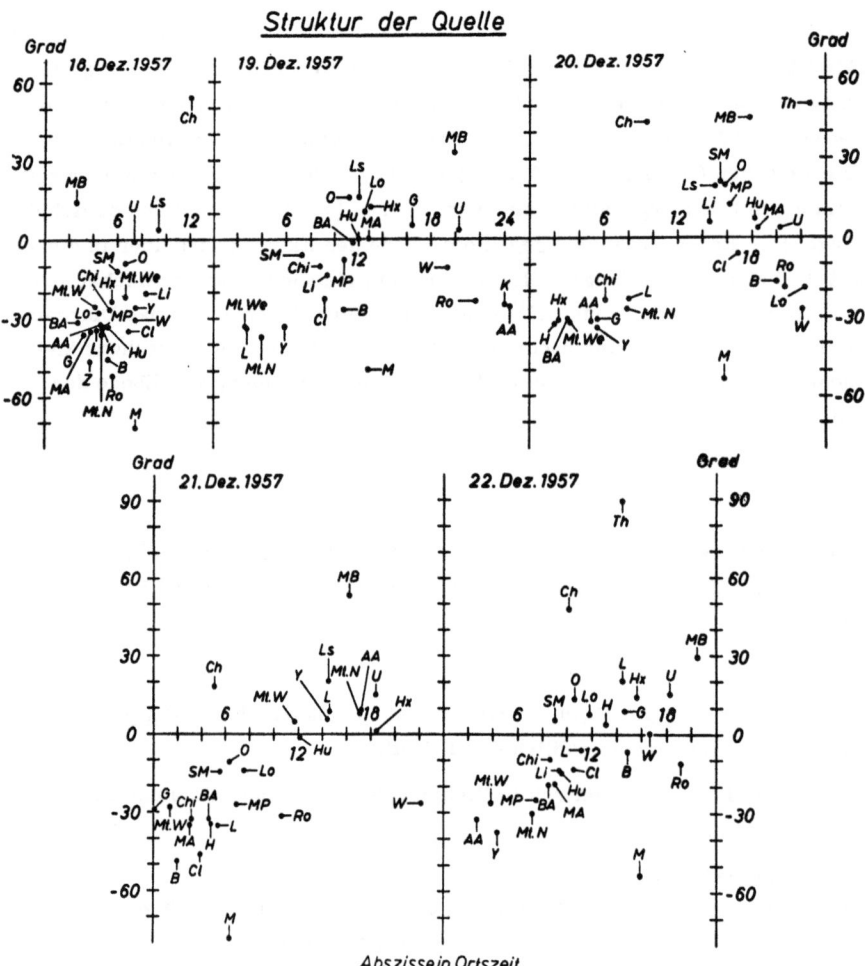

Abb. 15: Positionsänderung der Anisotropie vom 18. - 22. 12. 57. (Stationsnamen in Tabelle 1)

Aufschluß über die Strukturen der Anisotropien geben auch Richtungsmessungen, wie sie von verschiedenen Autoren mit Hilfe von Mesonenteleskopen ausgeführt wurden, die in Ost-West- und Nord-Süd-Richtung gegeneinander geneigt waren: SARABHAI und GOTTLIEB [61] sowie SANDSTRÖM, DYRING und LINDGREN [62] . Die Autoren fanden, daß es keine Anisotropien parallel zur Rotationsachse, sondern nur parallel zur Äquatorebene gibt, die Anisotropien also ziemlich stark in der Ebene der Ekliptik konzentriert sind. Von RAO und SARABHAI [63] wurden die Unterschiede in den Tagesgängen in Ost-West-Richtung gemessen.

§ 6. Ergebnisse der graphischen Analysen

Die Methode der graphischen Analyse wurde in § 3. b ausführlich beschrieben. Zu den dort aufgeführten Vorteilen der Methode ergeben sich folgende Beispiele nach Aufzeichnungen der IGY Daten [5] .

1. Einen ungenauen Wert für die Amplitude liefert die harmonische Analyse bei allen Forbush-Effekten: 19. 7., 29. 8., 2. 9., 13. 9., 21. 9., 29. 9., 21. 10., 26. 11. und 19. 12. 57.

2. Der Forbush-Effekt vom 2. 9. 57 wird von einem Tagesgang begleitet, der sehr wahrscheinlich durch eine Zusatzstrahlung zustande kommt. Die Subtraktion des idealisierten Forbush-Effektes

läßt die den Tagesgang verursachende Zusatzstrahlung erkennen. Vom 16. bis 22. 9. 57 tritt ein ganzer Zug von großen Amplituden auf. Zum Teil handelt es sich wohl um Weltzeiteffekte.

3. Am 23. 12. 57 ist eine Doppelwelle im Tagesgang zu beobachten: Abb. 16. Hier handelt es sich offenbar um eine Anisotropie, die sich aus einer Richtung östlich der Erd-Sonnenlinien rasch auf sie zu bewegt und daher innerhalb eines Tages zweimal registriert wird. Auf einen inter-

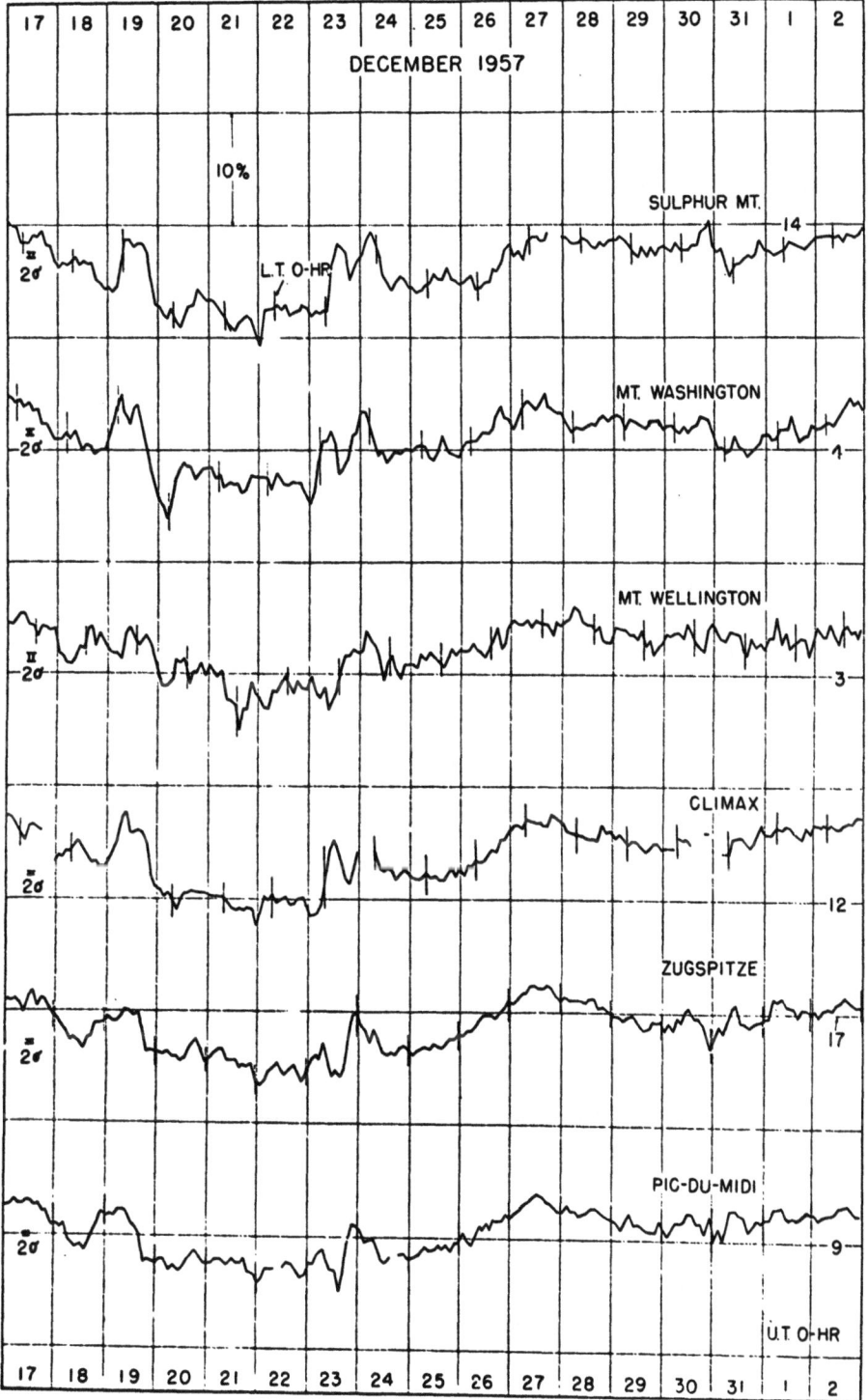

Abb. 16: Aufzeichnung der 2-Stundenregistrierungen einiger IGY Stationen vom Monat Dezember 1957.

essanten Fall von Anisotropie am 13. 7. 1961, die ebenfalls schnell ihre Position ändert, hat EHMERT [64] erstmalig hingewiesen: Abb. 17. Die Aufzeichnung der 2-Stundenwerte von Neutronen und Mesonen läßt erkennen, daß auch die Mesonen einen großen Tagesgang haben, was auf einen sehr wirksamen Modulationsmechanismus hindeutet. Nach graphischen Analysen von LOCKWOOD und RAZDAN [27] erscheinen Anisotropien, die durch ein Absinken von der Tagesmittelintensität zustande kommen, westlich der Erd-Sonnenlinie und solche, die durch eine Zusatzstrahlung entstehen, auf der östlichen Seite. Diese Anisotropien können einige Tage bestehen bleiben.

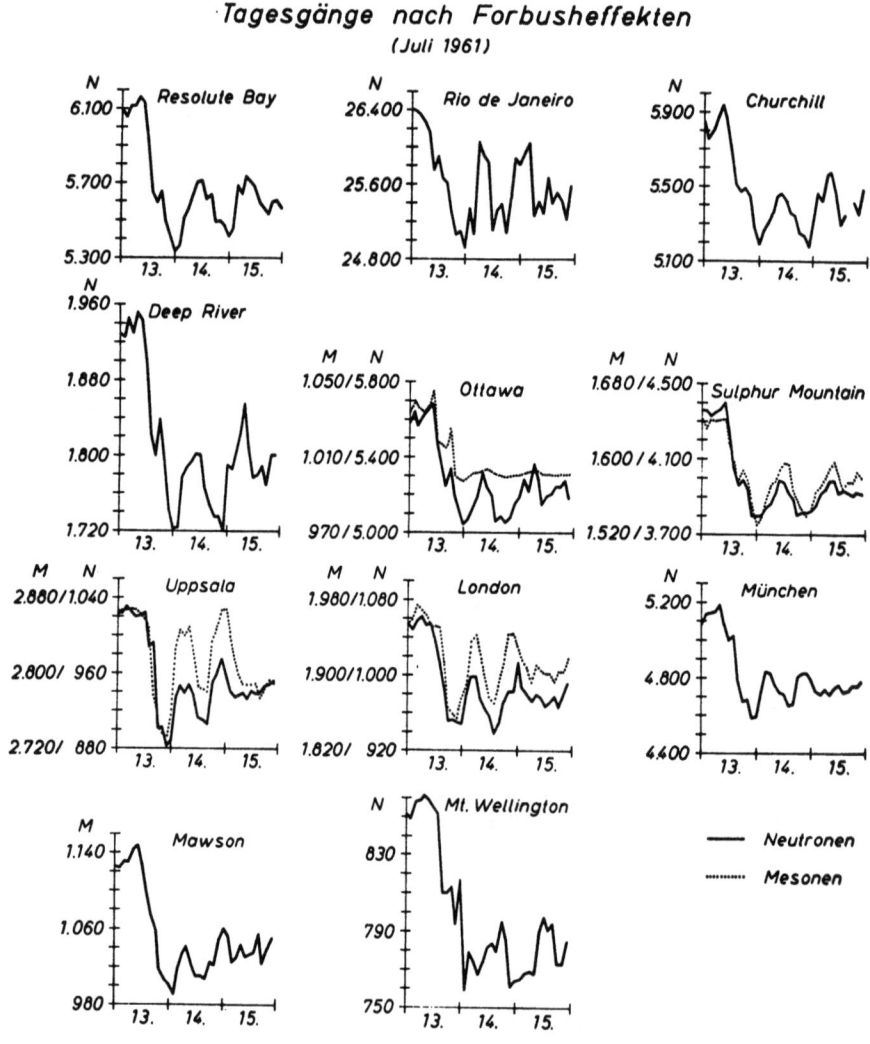

Abb. 17: Anisotropie vom 13. - 15. 7. 1961.

Das Beispiel vom 13. und 14. Juli 1961 wird auch von LOCKWOOD und RAZDAN [27] untersucht. Die Stationen Zugspitze und München registrieren die Anisotropie um 07.00 bis 08.00 h Weltzeit. Sie liegt etwa 25° östlich der Erd-Sonnenlinie und verschiebt sich westwärts. Knapp einen Tag später bei einer Position von 125° westlich der Erd-Sonnenlinie wird sie von allen Stationen noch einmal registriert. Ein ähnlicher Fall ist am 24. 8. 1958 zu beobachten. Ein Beispiel für eine durch Absinken der Intensität entstehende Anisotropie ist nach LOCKWOOD am 22. 10. 57 zu beobachten. Es gibt auch Forbush-Effekte, die nicht von solchen Anisotropien begleitet werden, z. B. 12. 5. 59 und 11. 7. 59.

4. Die graphische Analyse zeigt, daß manche Tagesgänge einen langsamen Anstieg bis zum Maximum haben und dann schnell absinken (Abb. 16). Die Maximalintensität scheint nur für ein Zeitintervall von 2 Stunden zu bestehen. Messungen in kürzeren Intervallen als 2 Stunden würden das Maximum deutlicher hervortreten lassen. Bei einer weiteren Form von Tagesgängen bleibt die Intensität mehrere Stunden praktisch konstant und erreicht dann nur kurzzeitig in einem Intervall von 2 bis 4 Stunden ein Maximum. Weiterhin gibt es noch Tagesgänge mit breiten Maxima, die sich über mehrere Stunden erstrecken.

Die Grenzfrequenz der Ionosphäre zeigt manchmal einen ähnlichen Verlauf wie der Tagesgang der kosmischen Strahlung, nämlich einen langsamen Anstieg zum Maximum und dann einen schnellen Abfall. Eine genauere Prüfung der Zusammenhänge war aber noch nicht möglich, da die Zahl dieser Fälle zu gering ist.

Von MESSERSCHMIDT [4, 65] werden ebenfalls graphische Analysen von Ionisationskammerregistrierungen durchgeführt. Er findet, daß die Monatsmittelkurven des Tagesganges nicht ideal durch die harmonische Analyse dargestellt werden, da das Maximum eine kleinere Halbwertsbreite hat als die approximierende Sinuswelle.

5. Lokal begrenzte Weltzeiteffekte sind bei einigen Stationen zu erkennen, z. B. 13. 9. 57, 21. - 22. 9. 57 und 19. 12. 57 ist ein Weltzeiteffekt vorhanden, der bei polaren Stationen besonders ausgeprägt ist.

§ 7. Breitenabhängigkeit des Tagesganges

Die in verschiedenen IGY-Stationen gemessenen Amplituden und Phasen des Tagesganges lassen sich noch auf ihre geomagnetische Breitenabhängigkeit untersuchen. Diese Daten sind in Abb. 18 als Funktion der geomagnetischen Breite dargestellt. Dabei sind die Stationen nach ihrer Lage nördlich oder südlich des geomagnetischen Äquators unterschieden worden. Es handelt sich um die Mittelwerte von monatlichen Analysen, erstreckt über den Zeitraum des ganzen IGY (Tabelle 1). Aus der Abbildung geht hervor, daß die Stationen in mittleren Breiten die größten Amplituden registrieren. In niedrigen Breiten sind die Amplituden kleiner, weil entweder eine echte Breitenabhängigkeit besteht oder die Amplituden von den Stationen wegen der stärkeren Ablenkung der Teilchen durch das Erdmagnetfeld verkleinert gemessen werden, wie in § 2. a gezeigt wurde. Die kleineren Amplituden bei polnahen Stationen sind sehr wahrscheinlich auf die hohe asymptotische Breite dieser Stationen zurückzuführen. Die hauptsächlich in der Ebene der Ekliptik liegende Anisotropie wird von ihnen nur noch teilweise registriert.

Die mit steigender geomagnetischer Breite später werdende Zeit des Maximums ist durch geomagnetische Einflüsse bedingt. Die geringeren mittleren Energien der einfallenden Teilchen bei Stationen in hohen Breiten werden durch das Dipolfeld auch schwächer abgelenkt, so daß die Stationen eine Anisotropie auch erst zu späteren Tageszeiten registrieren. Dieses Ergebnis wird verständlich durch die Untersuchungen von § 2. a. Ergebnisse über die harmonische Analyse von Monatsmittelwerten des Tagesganges sind auch von den Autoren [13, 24, 37, 66, 67, 68, 69] veröffentlicht und z. T. als Funktion der geomagnetischen Breite dargestellt worden.

Aus der Breitenabhängigkeit der Amplitude läßt sich mit Hilfe der mittleren Stationsenergien das sekundäre Energiespektrum des Tagesganges bestimmen, aus dem sich dann das primäre Spektrum nach Formel (10) ergibt. Die Abbildungen 19, 20 und 21 zeigen die sekundären Energiespektren der Tagesgänge. Verwendet wurden die von KANE und THAKORE [13] berechneten mittleren Energien jeder Station. Zu den mittleren Energien wurden jeweils 2 GeV atmosphärische Abschneideenergie addiert. Das ist eine Vereinfachung der wirklichen Verhältnisse. Bei hohen Energien ist die atmosphärische Abschnei-

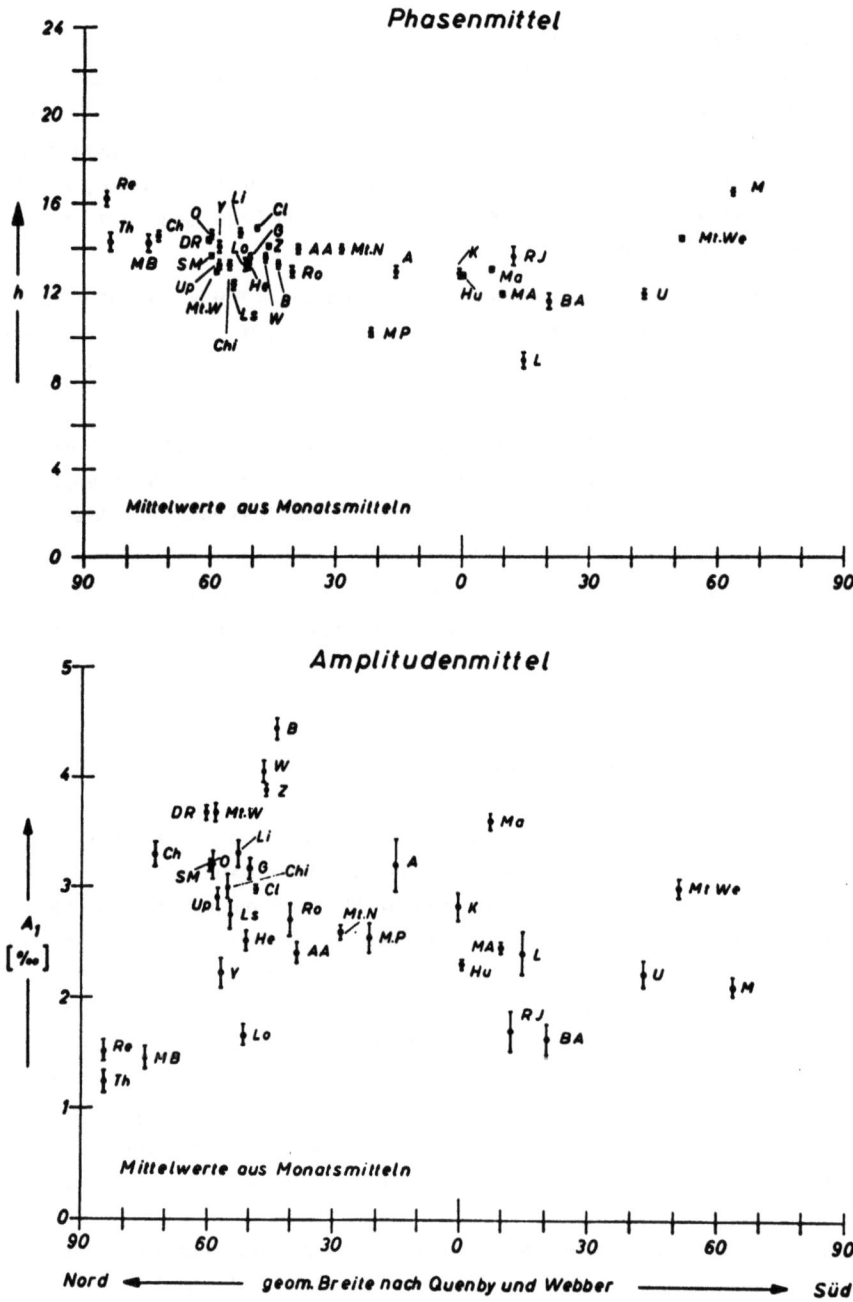

Abb. 18: Breitenabhängigkeit der Amplituden- und Phasenmittelwerte.

deenergie größer, da die Energie des Primärteilchens auf eine größere Zahl von Sekundärteilchen verteilt wird, die ihrerseits wieder Energie durch Ionisation in der Atmosphäre verlieren. Die genaue Erfassung der atmosphärischen Abschneideenergie ist sehr schwierig. **Sie bedingt einen flacheren Verlauf des Energiespektrums.**

Energiespektren der I. Harmonischen

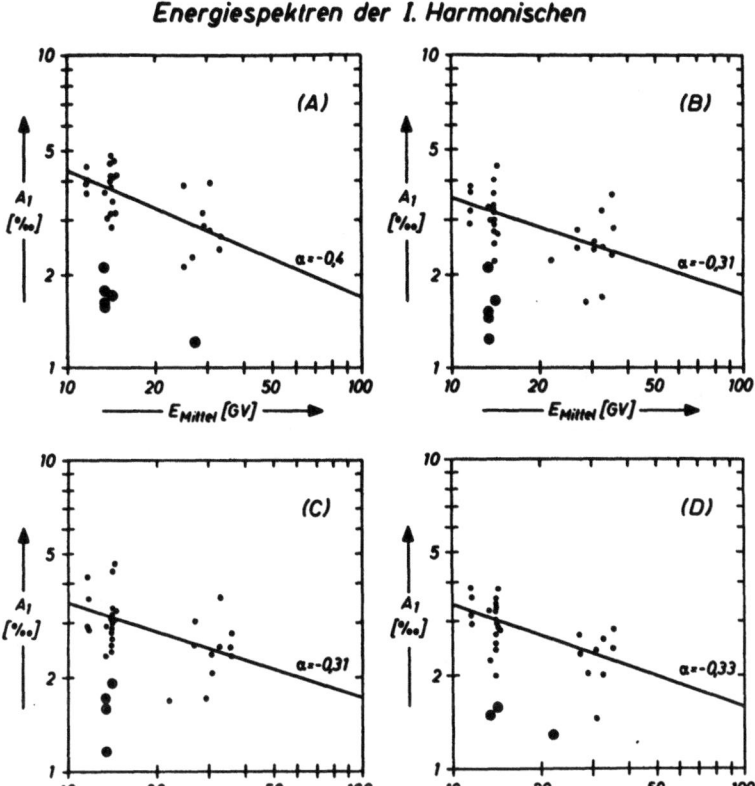

Abb. 19: Sekundäre Energiespektren für Amplitudenmittelwerte.

Energiespektren der I.(A) und II.(B) Harmonischen

B   Berkeley
H   Huancayo
L   Lae
K   Kodaikanal
M   Makapuu Point
W   Weissenau
Y   Yakutsk

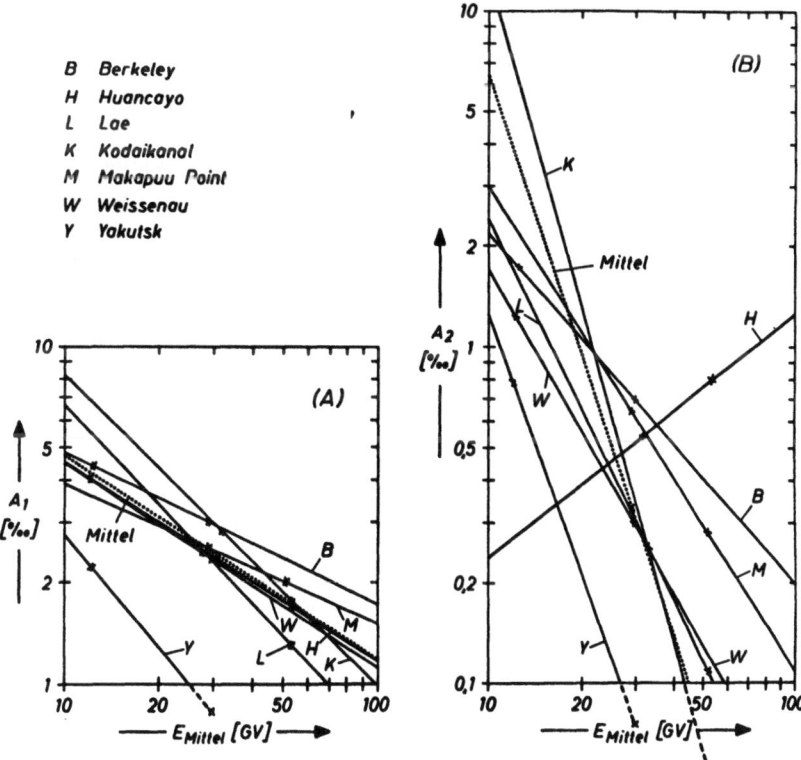

Abb. 20: Sekundäre Energiespektren, ermittelt aus Neutronen- und Mesonenamplituden.

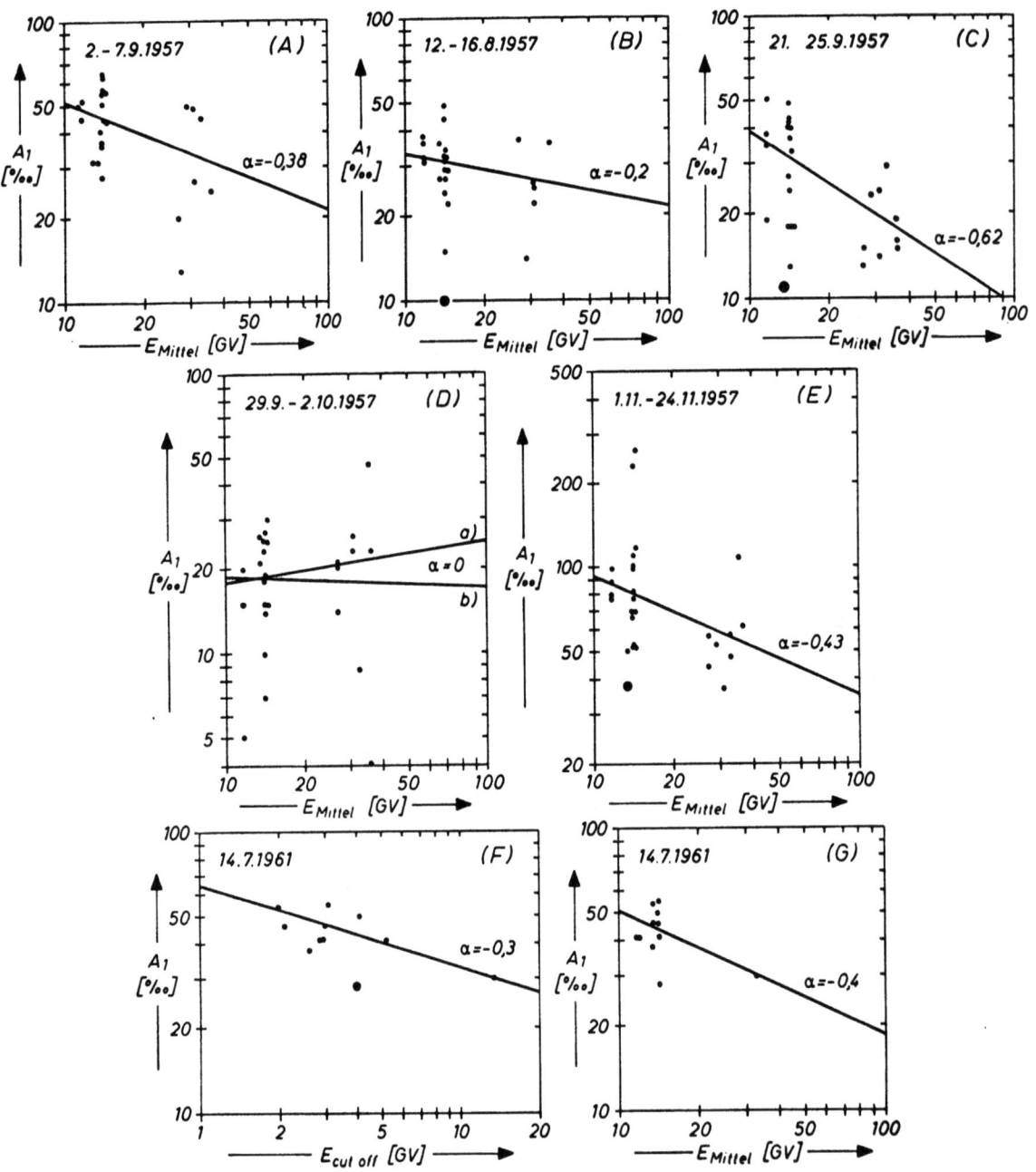

Abb. 21: Sekundäre Energiespektren besonderer Ereignisse.

Abb. 19 A : Zeigt die aus den Amplitudenmittelwerten der Einzeltage (Juli - Dez. 57) **bestimmten** Energiespektren.

B : Hier wurden die Amplitudenmittelwerte aus dem ganzen IGY verwendet.

C : Zeigt zum Vergleich die Spektren, die mit Hilfe der von **KANE** und **THAKORE** [13] berechneten Amplituden bestimmt wurden.

D : Hier wurden die Amplitudenwerte von **SCHWACHHEIM** [66] verwendet.

Die Abb. zeigt, daß die so bestimmten Exponenten des Energiespektrums nur wenig voneinander abweichen.

In den Abb. A - D wurden polare Stationen (durch starke Punkte angedeutet) nicht berücksichtigt, da sie wegen ihrer hohen asymptotischen Breite die hauptsächlich in der Ebene der Ekliptik liegende Anisotropie nicht vollständig registrieren. Von den Stationen in mittleren Breiten zeigen manchmal Rio de Janeiro und London abnormal kleine Amplituden, die dann auch nicht berücksichtigt wurden.

Abb. 20 A : Hier sind die Neutronen- und Mesonenamplituden jeweils der gleichen Station als Funktion ihrer mittleren Energien dargestellt. Die mittleren Mesonenenergien wurden der Arbeit von SARABHAI, PAI und RAO [14] entnommen. Der sich so ergebende Exponent des Energiespektrums ist $\alpha = -0,6$. Dieser Wert des Exponenten ist aber nur als Näherung zu betrachten, da die Verschiedenheiten in den Multiplizitätsfunktionen von Neutronen und Mesonen nicht berücksichtigt wurden.

B : Wird später erklärt.

Abb. 21 zeigt die Energiespektren besonderer Ereignisse:

A : Nach einem Forbush-Effekt.

B : Quasiperiodische Schwankung.

C : Nach einem Forbush-Effekt.

D : Nach einem Forbush-Effekt.

E : Erdmagnetisch ruhige Zeit.

F : Anisotropie vom 14. 7. 61. Das Spektrum ist als Funktion der Abschneideenergie dargestellt worden, da die mittleren Energien der zur Verfügung stehenden Stationen zu wenig voneinander abweichen, wie 21 G zeigt.

Die Werte für den Exponenten schwanken bei besonderen Ereignissen zwischen $\alpha = -0,2$ und $\alpha = -0,6$.

Einen Vergleich mit den von anderen Autoren bestimmten Energiespektren bringt Tabelle 2. Die Lindauer Untersuchungen haben für den Exponenten des Energiespektrums E^{α} den Wert $-0,3 \pm 0,2$ ergeben. Der Fehler wurde aus der Streuung der Werte ermittelt. Die bei der Exponentenbestimmung nicht berücksichtigte große Winkelausdehnung der Einfallzonen äquatorialer Stationen spricht für einen noch flacheren Verlauf des Energiespektrums der Tagesgänge. Diese Korrektur des Exponenten kann aber heute noch nicht exakt ausgeführt werden: Abb. 2 B und D.

Der Exponent des Energiespektrums besagt, daß die sekundäre Variation

$$\frac{\delta N(E, h)}{N(E, h)} \sim E^{-0,3 \pm 0,2} \tag{17}$$

ist. Die Schwankung $\delta N(E, h)$ ist also nicht völlig proportional der ursprünglichen Teilchenzahl, sondern wird bei hohen Energien kleiner nach der Formel

$$\delta N(E, h) \sim E^{-0,3 \pm 0,2} N(E, h)$$

Aus den Sekundärspektren läßt sich nun das primäre Spektrum berechnen. (Gl. 10).

§ 7   - 44 -

Tabelle 2

Sekundäre Energiespektren

α		
- 0,4	Mittelwerte der Einzeltage	Juli 57 - Dezember 57
- 0,3	Monatsmittelwerte	Juli 57 - Dezember 58
- 0,3	Analysen von KANE und THAKORE [13]	Juli 57 - Dezember 58
- 0,3	Analysen von SCHWACHHEIM [66]	Juli 57 - Dezember 58
- 0,6	Neutronen- und Mesonenamplituden der gleichen Stationen	
		Juli 57 - Dezember 58
- 0,2 bis - 0,6	Einzelereignisse	Juli 57 - Dezember 57
- 1,0	DORMAN [7]	1937 - 1951
- 0,7	KUZMIN [70]	1957 - 1959
- 0,8	RAO [71]	1957 - 1958
- 1,0	AHLUWALIA [72]	1957 - 1958
- 0,4	DUGGAL [73]	1957 - 1958
0	RAO, McCRACKEN, VENKATESAN [19]	1957 - 1958

Abb. 22 zeigt die Primärspektren für verschiedene Exponenten (α = - 0,2, - 0,3, - 0,4, - 0,5, - 0,6) des Sekundärspektrums. Der Knick im Primärspektrum ist bedingt durch die Form der Breitenabhängigkeit der Neutronenkomponente. Es ist in Wirklichkeit ein kontinuierlicher Übergang. Die Abbildung zeigt, daß der Exponent des Primärspektrums nicht wesentlich anders als beim sekundären Spektrum ist, da die relative Variation in den Gleichungen (7) bis (10) noch auf den Breiteneffekt bezogen wurde.

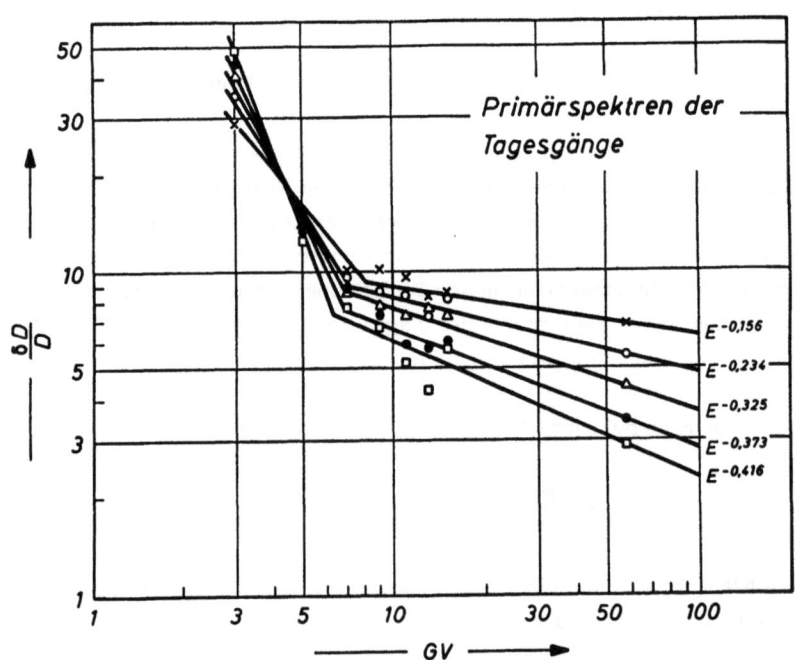

Abb. 22: Primärspektren für angenommene Exponenten (α = -0,2, -0,3, -0,4, -0,5, -0,6) des Sekundärspektrums.

Einen Aufschluß über die Frage, bis zu welchen Energien Tagesgänge in der kosmischen Strahlung vorliegen, geben Messungen unter der Erdoberfläche, weil nur hochenergetische Teilchen bis dorthin eindringen können. Erste Untergrundmessungen führte RAU [3] 1939 im Bodensee aus. Von KUZMIN [70] wurden in Yakutsk Messungen des Tagesganges von 1957 bis 1959 in einer Tiefe von 7, 20 und 60 mwä (Meter-Wasser-Äquivalent) durchgeführt. Selbst bei 60 mwä ist noch ein Tagesgang vorhanden. Weitere Messungen wurden von SANDOR, SOMOGYI, TELBISZ [74] in Budapest und von REGENER [75] 1959 in Chacaltaya jeweils in 40 mwä ausgeführt. Auch von ihnen wurde ein Tagesgang der hochenergetischen Komponente nachgewiesen. Die mittleren Energien bei diesen Untergrundmessungen lagen bei ungefähr 100 GeV. Es kann daraus gefolgert werden, daß ortszeitliche Anisotropien wahrscheinlich bis zu Teilchenenergien von ~100 GeV vorhanden sind.

Der Modulationsmechanismus, der die Anisotropien erzeugt, variiert zeitlich noch in seiner Wirksamkeit, wie aus Abb. 23 hervorgeht. Dort ist das Verhältnis der Amplituden von Neutronen und Mesonen für die Station Weissenau dargestellt. Dieses Verhältnis unterliegt zeitlichen Schwankungen. Energiespektren, die aus Langzeitmitteln der Amplitude bestimmt wurden, repräsentieren also nur das mathematische Mittel aller physikalischen Prozesse.

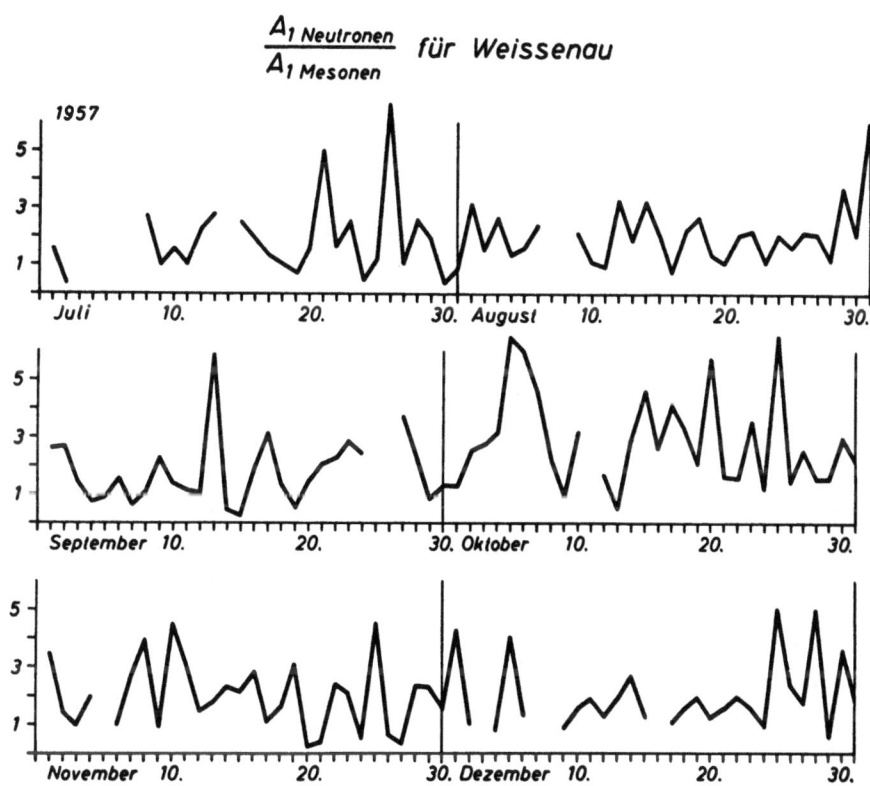

Abb. 23: Verhältnis der Neutronen- zu den Mesonen-Amplituden für Weissenau

§ 8. Die II. Harmonische

Die harmonische Analyse liefert außer der Grundwelle mit 24-stündiger Periode auch noch höhere Harmonische mit kürzerer Periode. Aus Gründen der statistischen Sicherheit kann lediglich noch die II. Harmonische mit 12-stündiger Periode untersucht werden. Die von RAU [3] unter 40 m Wasser gefundene halbtägige Welle wurde als atmosphärische Gezeitenschwingung gedeutet [76, 77]. In neuerer Zeit wurde die Realität der II. Harmonischen von Autoren nachgewiesen, die das Meßmaterial äquatorialer Stationen analysierten z. B. [78].

Die Ergebnisse der Lindauer Analysen zeigt Abb. 24. Tabelle 3 gibt die errechneten Daten wieder. Es zeigt sich, daß nur äquatornahe Stationen eine persistente II. Harmonische haben. **Die nach BARTELS [22] errechneten Wahrscheinlichkeiten für ein "Random Walk" liegen zwischen 1:10 und 1:100.** An der Persistenz dieser Welle kann heute nicht mehr gezweifelt werden. Zu dem gleichen Ergebnis sind auch die anderen Autoren gelangt, die IGY-Neutronenregistrierungen analysiert haben. Die Deutung der II. Harmonischen ist aber immer noch umstritten. Da sie nur bei äquatornahen Stationen persistent ist, liegt der Gedanke nahe, sie mit der 12-stündigen Luftdruckwelle in Verbindung zu bringen, die auch nur in Äquatornähe stark ausgeprägt ist. In neueren Arbeiten von KATZMANN und VENKATESAN [69] und FORBUSH und VENKATESAN [23] wird die II. Harmonische auch auf eine ungenügende Luftdruckkorrektur zurückgeführt.

Tabelle 3

II. Harmonische der Neutronenzahlen

Station	Amplituden (IGY-Mittel) ⁰/₀₀	T_{max} (IGY-Mittel) (h) (O.Z.)
Ottawa	0,46 ± 0,13	0,9 ± 0,5
Mt. Washington	0,49 ± 0,07	11,5 ± 0,3
Yakutsk	0,78 ± 0,15	6,4 ± 0,4
Chicago	0,39 ± 0,12	11,9 ± 0,6
Climax	0,45 ± 0,03	2,0 ± 0,13
Berkeley	1,72 ± 0,11	10,4 ± 0,12
Rom	0,82 ± 0,14	1,9 ± 0,3
Mt. Norikura	0,65 ± 0,05	0,0 ± 0,15
Makapuu Point	0,65 ± 0,13	0,4 ± 0,4
Ahmedabad	1,52 ± 0,24	0,0 ± 0,3
Kodaikanal	2,58 ± 0,13	1,2 ± 0,1
Huancayo	0,55 ± 0,05	0,0 ± 0,15
Makerere	3,10 ± 0,07	9,2 ± 0,05
Buenos Aires	0,9 ± 0,14	9,4 ± 0,3
Mina Aguilar	1,10 ± 0,04	1,5 ± 0,1
Rio de Janeiro	0,78 ± 0,19	3,4 ± 0,5
Lae	3,31 ± 0,20	0,2 ± 0,1
Ushuaia	0,74 ± 0,12	1,0 ± 0,3
Mt. Wellington	0,97 ± 0,09	0,8 ± 0,2

O.Z. = Ortszeit

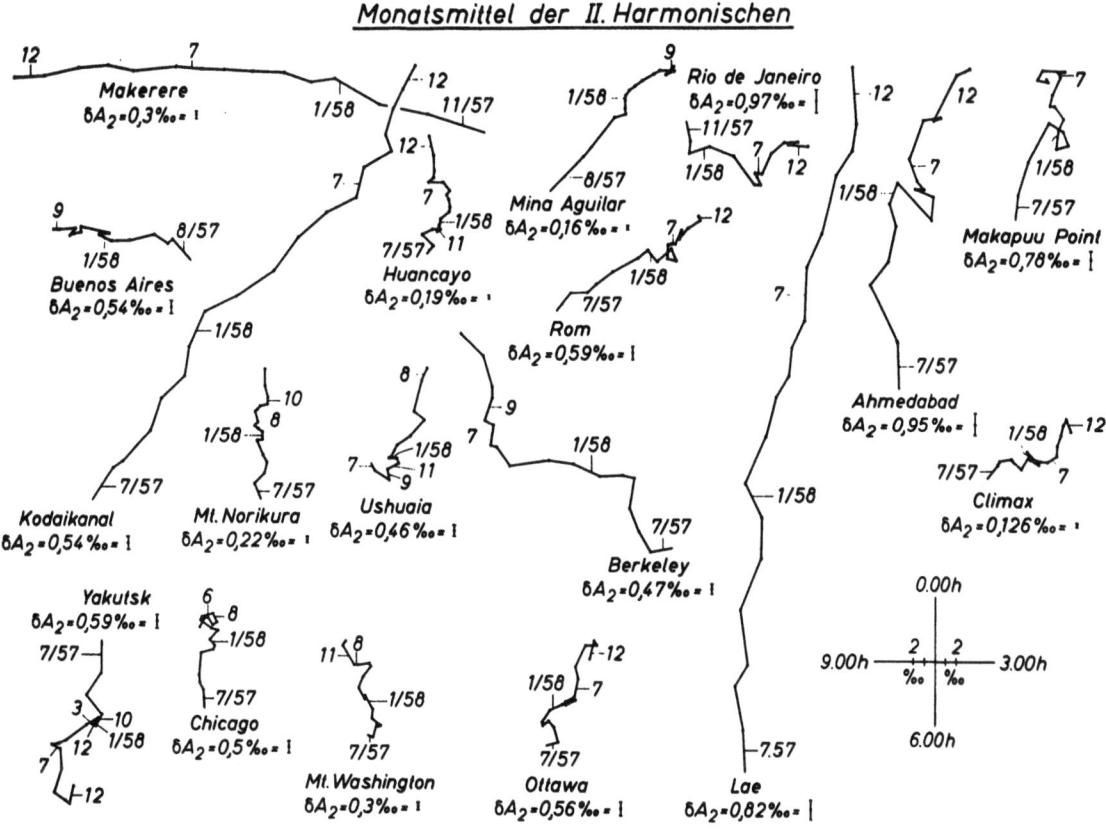

Abb. 24: Monatsmittel der II. Harmonischen für äquatornahe Stationen.

Die Frage, ob die II. Harmonische terrestrischen oder extraterrestrischen Ursprungs ist, wird an den analysierten IGY-Daten weiter untersucht. Aus Gründen der statistischen Sicherheit werden nur die Monatsmittelwerte der Neutronen weiter betrachtet und nicht einzelne Tage.

Von KATZMANN und VENKATESAN [69] wird der Vektor der halbtägigen Luftdruckwelle und der unkorrigierten Neutronen des IGY in einer Periodenuhr dargestellt, daraus ein mittlerer Barometerkoeffizient von - 0,72 %/mb errechnet und die Luftdruckkorrektur nachträglich an den schon harmonisch analysierten Neutronendaten angebracht. Der nach der Luftdruckkorrektur verbleibende Vektor hat, gemittelt über sämtliche Stationen, eine Amplitude von 0,1 % und ein Maximum um ungefähr 01.00 h Ortszeit. Von den Autoren wird dieser Restvektor nicht als signifikant angesehen, da ihn eine Verschiebung des Luftdruckvektors um 12° und eine Änderung der Amplitude um 0,02 mb zum Verschwinden bringt.

Die in Lindau ausgeführten Analysen bestätigten die Restvektoren KATZMANN's an den Neutronendaten des IGY mit praktisch derselben Amplitude und Phasenlage. Sie beruhen sehr wahrscheinlich auf einer ungenügenden Luftdruckkorrektur, sind also terrestrischen Ursprungs. Die halbtägige Luftdruckwelle hat ihr Maximum etwa um 10.00 h Ortszeit. Wäre die II. Harmonische der Neutronen ein Luftdruckeffekt, so müßte ihr Maximum gerade in Antiphase, nämlich um 04.00 h Ortszeit liegen. Daß das Maximum der II. Harmonischen aber zwischen 00.00 - 03.00 h Ortszeit liegt, beruht sehr wahrscheinlich auf einem Meßfehler der Barographen. Auf Grund ihrer Trägheit registrieren sie das Maximum der kleinen halbtägigen Luftdruckwelle 1 bis 2 Stunden zu spät. Wenn das Maximum der halbtägigen Luftdruckwelle tatsächlich um 08.00 h bis 09.00 h Ortszeit liegt, ist die II. Harmonische bei den Neutronendaten zwanglos als Luftdruckeffekt erklärbar. Für die Mesonenkomponente kann ebenfalls die halbtägige Luftdruckwelle zur Erklärung der II. Harmonischen herangezogen werden. Das Maximum des Luftdruckes ist mit dem Minimum der Mesonenintensität korreliert, da in diesem Fall die Mesonen stärker absorbiert werden als im Luftdruckminimum.

Einen Hinweis darauf, daß die II. Harmonische der Neutronen grundsätzlich anderer Natur ist als die I. Harmonische, gibt auch ein Versuch zur Bestimmung des Energiespektrums. Da dieses Spektrum nicht aus dem Breiteneffekt berechnet werden kann, denn äquatoriale Stationen haben die größten Amplituden, wurde es aus der Amplitude der Neutronen- und Mesonenkomponente jeweils der gleichen Station bestimmt. Die Amplituden wurden in Abb. 20 B als Funktion der mittleren Energien aufgetragen. Der Exponent dieses Spektrums ist wesentlich stärker negativ als bei der I. Harmonischen. Dieses Ergebnis zeigt, daß keine echte Energieabhängigkeit der Amplitude besteht, und die II. Harmonische terrestrischen Ursprunges ist.

An manchen Tagen zeigen Stationen auch in mittleren und hohen geomagnetischen Breiten 2 Maxima. Dieses zweite Maximum entsteht dann im Zusammenhang mit Forbush-Effekten, ist also extraterrestrischer Herkunft. Jedoch können diese nach Weltzeit auftretenden Maxima keinen Beitrag zu einer persistenten Welle liefern. Sie sind also nicht die Ursache der II. Harmonischen, sondern erzeugen nur eine Störung von Amplitude und Phase. AHLUWALIA [79] hat die II. Harmonische von Huancayo und Ahmedabad von 1957 bis 1958 auf ihren Zusammenhang mit den Cp-Werten hin untersucht. Er fand, daß im Mittel Tage mit hohen Cp-Werten eine kleinere Amplitude haben als solche mit niedrigen. Diese Tatsache erklärt sich durch die größere Phasenstreuung der II. Harmonischen bei erdmagnetisch gestörten Tagen. Einige Autoren führen die persistente II. Harmonische der kosmischen Strahlung auf extraterrestrische Ursachen zurück [68, 79, 80].

D. Deutung der Anisotropien

§ 9. Physik des interplanetaren Plasmas

Nach PARKER [81] befindet sich die Sonnenkorona nicht im hydrostatischen Gleichgewicht, sondern sie erreicht dieses erst durch die ständige Emission von Materie. Diese Materie- oder Plasmawolken sind die eigentliche Ursache aller Störungen des Erdmagnetfeldes und der Intensität der kosmischen Strahlung. Auch die Ablenkung der Kometenschweife in Sonnennähe wird von BIERMANN [1] u. a. auf die solaren Plasmawolken zurückgeführt. Es soll im folgenden gezeigt werden, daß die solaren Plasmawolken auch für den Tagesgang der kosmischen Strahlung verantwortlich sind. Ihre heute bekannten Eigenschaften werden daher kurz zusammengestellt.

Nach der Wirksamkeit der Plasmawolken werden 2 Typen unterschieden: 1. Energiereiche Plasmawolken, die durch aktive Sonnenfleckengruppen erzeugt werden und sich mit etwa 1500 km/sec bewegen und erdmagnetische Störungen bis zu $1.000\,\gamma$ [*])hervorrufen. 2. Daneben gibt es langsamere Plasmawolken (solarer Wind), die ständig von der Sonne emittiert werden und erdmagnetische Störungen von $\approx 10\,\gamma$ hervorrufen. Die Geschwindigkeit dieser Komponente wird auf 300 bis 700 km/sec geschätzt.

Mit den Plasmawolken werden solare Magnetfelder in den interplanetaren Raum hinaus ausgedehnt. Für das interplanetare Feld gibt es 2 Modellvorstellungen. Nach PARKER [82] wird das solare Dipolfeld, daß einige Gauß beträgt, durch das kontinuierlich abströmende Koronagas in den interplanetaren

---

[*]) $1\gamma = 10^{-5}$ Gauß (Kraftflußdichte)

Raum ausgebreitet. Nach GOLD [83] dagegen entsteht das interplanetare Feld durch die gelegentlichen Ausbrüche großer solarer Plasmawolken. Aus der Sonnenphysik ist bekannt, daß die Sonnenflecken bipolar auftreten. Im gegenwärtigen Zyklus hat der auf der nördlichen Halbkugel vorangehende Fleck Nord-Polarität, der nachfolgende Süd-Polarität. Auf der Südhalbkugel hat umgekehrt der vorangehende Fleck Süd-Polarität, der nachfolgende Nord-Polarität. Mit jedem Zyklus werden die Polaritäten umgekehrt. Bei jeder Eruption wird das Feld zwischen zwei Fleckengruppen mit der abgestoßenen Materie in Form einer magnetischen Blase in den Raum hinaus ausgedehnt.

Leitfähigkeit

Das interplanetare Plasma ist praktisch vollkommen ionisiert. Die Zahl der positiven und negativen Ladungsträger ist gleich; nach außen hin ist die Plasmawolke also neutral. Die Rekombination im interplanetaren Raum wird wieder ausgeglichen durch die Ultraviolettstrahlung der Sonne. Die Leitfähigkeit des Plasmas wird hauptsächlich durch die Elektronenleitfähigkeit bestimmt, da Elektronen eine viel kleinere Masse als die Ionen haben. Die Berechnungen der Leitfähigkeit des interplanetaren Raumes wurden von DORMAN [7] und ALFVEN [84] ausgeführt. ALFVEN gibt die Leitfähigkeit parallel zu den magnetischen Kraftlinien zu 10^{-13} sec^{-1} an.

Turbulenz

DORMAN kommt zu dem Schluß, daß sich die Plasmawolken unter der stabilisierenden Wirkung ihrer Magnetfelder bis in Erdnähe homogen ausbreiten. Erst außerhalb der Erdbahn tritt Turbulenz ein. Plasmawolken mit turbulenten Magnetfeldern haben nach DORMAN's Vorstellungen keinen Einfluß auf den Tagesgang der kosmischen Strahlung.

Zu demselben Ergebnis gelangt auch PARKER [85], der die Instabilitäten astrophysikalischer Plasmen theoretisch untersucht hat. Er fand 2 neue Instabilitäten für Druckunterschiede parallel und senkrecht zur Ausbreitungsrichtung. Außerhalb der Erdbahn werden also allgemein inhomogene Magnetfelder erwartet.

Plasmadichte

Nach Explorer X-Messungen, z. B. [86, 87], die bis zu einer Entfernung von 45 Erdradien ausgeführt worden sind, beträgt die Partikeldichte 6 bis 20 Protonen/cm^3 in Erdnähe. Außerdem wurde direkt der aus der Sonnenrichtung kommende Plasmafluß gemessen. Er ergab sich zu 10^8 bis 10^9 Ionen/cm^2 sec. Die mittlere Energie der Ionen liegt bei 500 eV, die einer Geschwindigkeit von 300 km/sec entspricht. Vom Explorer X-Satelliten wurden auch Regionen mit dichtem Plasma, aber kleinen und turbulenten Feldern gemessen. Dazwischen liegen Regionen mit geringer Plasmadichte, aber etwa doppelt so hoher Feldstärke. Wie dieses Ergebnis zu deuten ist, ist heute noch unklar.

Energieverhältnisse

Eine Vorstellung von der Energieabgabe der Sonne bei einer Eruption liefert folgende Rechnung: Der Einfachheit halber wird angenommen, daß das solare Plasma sich kegelförmig in den Raum ausbreitet. Der Öffnungswinkel des Kegels sei $30°$. Die Partikeldichte wird nach Explorer X-Messungen zu 20/cm^3 angesetzt. Das Volumen des Kegels, der bis zur Erdbahn reichen soll, beträgt dann ungefähr 10^{39} cm^3. Die Zahl der Protonen darin ist $2 \cdot 10^{40}$; das entspricht einer Masse von $3,3 \cdot 10^{16}$ g. Die erforderliche Energie, um $3,3 \cdot 10^{16}$ g auf eine Geschwindigkeit von 10^8 cm/sec zu bringen, ist ungefähr 10^{32} erg. Auf Grund astrophysikalischer Beobachtungen kommt PIDDINGTON [88] zu ähnlichen Werten für die Energieabgabe durch eine Eruption: 10^{32} bis 10^{33} erg. Die mittlere kinetische Energiedichte beträgt demnach 10^{-7} bis 10^{-6} erg/cm^3. Nach Mariner II-Messungen [89] beträgt die Energiedichte $2 \cdot 10^{-7} - 2 \cdot 10^{-8}$ erg/cm^3. Die Anfangsgeschwindigkeiten der Plasmawolken betragen wahrscheinlich mehr als 10^8 cm/sec. Bis zur Erdentfernung nimmt diese Fluggeschwindigkeit auf 0,3 bis $0,7 \cdot 10^8$ cm pro Sekunde ab, da die Plasmawolke auf ihrem Weg das interplanetare Gas verdrängen muß und dabei Energie verliert. Wolken mit geringer Anfangsgeschwindigkeit werden gar nicht erst bis zur Erdbahn vordringen.

Kraftflußdichte der Magnetfelder

Die magnetischen Felder in den Plasmawolken müssen sich aus 2 Komponenten zusammensetzen. Das allgemeine Dipolfeld der Sonne, das an der Sonnenoberfläche etwa 1 Gauß beträgt, ist senkrecht zur Ekliptik gerichtet und wird mit den Plasmawolken in den Raum hinaustransportiert. Setzt man einen Abfall der in den Plasmawolken eingefrorenen Magnetfelder mit $1/R^2$ voraus (R = Entfernung vom Sonnenmittelpunkt), so ergibt sich in Erdentfernung eine Flußdichte von 10^{-5} Gauß. Eine dem etwa entsprechende Feldkomponente wurde 1960 durch die amerikanische Raumsonde Pionier V [90] zu 2 bis 3 γ gemessen. Diese Raumsonde erreichte eine Entfernung von 0,1 AE (Astronomische Einheit) von der Erde. Nach solaren Eruptionen erhöhte sich die Kraftflußdichte lokal auf über 50 γ. Sie sank aber danach schnell wieder auf ihren ursprünglichen Wert ab. Neben der Feldkomponente senkrecht zur Ekliptik kann man auch noch eine Komponente parallel zur Ebene der Ekliptik erwarten, die von den Feldern zwischen den bipolaren Fleckengruppen herrührt. Die Kraftflußdichte in den Flecken wurde mit Hilfe des ZEEMAN-Effektes zu größenordnungsmäßig 1000 Gauß bestimmt. Für die Deutung der Anisotropien sind die Felder von Interesse, die in dem Raum zwischen Sonne und Erde, etwa auf halber Entfernung herrschen.

Wird die Feldkomponente in der Ebene der Ekliptik ebenfalls nach dem $1/R^2$-Abfallgesetz berechnet, so ergibt sich ein Wert von 10^{-2} Gauß, der sicher zu hoch ist. Eine weitere Möglichkeit ergibt sich aus der Berechnung des magnetischen Flusses, der im interplanetaren Raum genau so groß sein muß, wie auf der Sonnenoberfläche. Angenommen wird eine Eruption der Klasse 2, die ungefähr $5 \cdot 10^{-4}$ der Sonnenscheibe bedeckt. Das sind ungefähr 10^{19} cm^2. Der magnetische Fluß bei 1000 Gauß Kraftflußdichte beträgt also 10^{22} Gauß · cm^2. Die Querschnittsfläche durch einen Kegel von 30° Öffnungswinkel ist in einer Entfernung von 1/2 AE $\approx 1,5 \cdot 10^{25}$ cm^2. Die Kraftflußdichte wird dann

$$\frac{10^{22} \text{ Gauß} \cdot \text{cm}^2}{1,5 \cdot 10^{25} \text{ cm}^2} \approx 0,6 \cdot 10^{-3} \text{ Gauß}.$$

Eine dritte Möglichkeit zur Feldabschätzung beruht auf der Annahme, daß die magnetische Energiedichte etwa so groß wie die kinetische sein wird. Die Formel lautet:

$$\frac{\mu H^2}{8\pi} = \frac{1}{2} \cdot \rho \cdot v^2 . \qquad (18)$$

Daraus folgt:

$$\mu H = 1,9 \cdot 10^{-3} \text{ Gauß}$$

H = Kraftflußdichte
ρ = 20 Protonen/cm^3 = $3 \cdot 10^{-23}$ g/cm^3
v = 10^8 cm/sec
μ = 1 für den interplanetaren Raum.

Die Feldkomponente in der Ebene der Ekliptik sollte demnach in der Entfernung von 1/2 AE in der Größenordnung von 10^{-3} Gauß liegen.

Feldgradient

Ein Gradient im Magnetfeld der Plasmawolken besteht auf Grund ihrer Ausdehnung mit zunehmender Entfernung von der Sonne. Außerhalb der Erdbahn sind die Felder schwächer als in Sonnennähe. Ein weiterer Gradient, aber mit derselben Richtung, kann auf Grund des Geschwindigkeitsgefälles in den Plasmawolken entstehen. Das Geschwindigkeitsgefälle ist bedingt durch die Arbeit, die die Wolke leisten muß, um das noch von vorherigen Eruptionen vorhandene Plasma und Gas zu verdrängen. Diese Arbeit wird auf Kosten der kinetischen Energie der Wolke geleistet. Die Anfangsgeschwindigkeit der Wolken beträgt etwa $2 \cdot 10^8$ cm/sec. Dann kann in der Entfernung von einer AE die Fluggeschwindigkeit bis auf $0,3$ bis $0,4 \cdot 10^8$ cm/sec gefallen sein. Setzt man wieder die Gültigkeit der Formel (18) voraus, so folgt daraus eine Verminderung der magnetischen Feldstärke mit zunehmender Entfernung von der Sonne. Die kontinuierliche Änderung der magnetischen Feldstärke mit der Fluggeschwindigkeit und der Dichte der Wolke wird ein elektrisches Feld induzieren, das senkrecht zur Flugrichtung der Wolke gerichtet ist.

Flugrichtung

Die Flugrichtung der Plasmawolken im interplanetaren Raum setzt sich aus 2 Komponenten zusammen. 1. aus der von Fall zu Fall verschiedenen radialen Abströmgeschwindigkeit und 2. der konstanten Winkelgeschwindigkeit der Sonne. Die Geschwindigkeit der Sonnenrotation beträgt am Äquator der Sonne etwa 2 km/sec und würde in Erdentfernung bei voller Mitrotation der Plasmawolken ungefähr 430 km/sec betragen.

Eine Grenze zwischen Sonnenkorona und interplanetarem Raum ist nicht eindeutig feststellbar. Auf Grund der in der Korona vorhandenen Magnetfelder wird diese starr mit der Sonne mitrotieren. Die Plasmawolken dagegen werden nur solange mit der Sonne mitrotieren, wie ihre magnetische Energie noch größer als die radial gerichtete kinetische Energie ist. Auf Grund der 2 Geschwindigkeitskomponenten besteht die Möglichkeit, daß sich eine spiralförmige Struktur der Wolken ausbildet. Nach theoretischen Untersuchungen von LÜST und SCHLÜTER [91] ergibt sich aus dem Vergleich von magnetischer und kinetischer Energiedichte der um die Sonne rotierenden Materie, daß die solare Materie bis etwa zur Entfernung der Merkurbahn starr mitrotiert.

Dieses theoretische Ergebnis wird gestützt durch die Beobachtung der Kometenschweife in Sonnennähe [92]. Es folgt daraus, daß das solare Plasma etwa bis zur Entfernung von 1/2 AE von der Sonne mitrotiert. In den weiter außen liegenden Bereichen des Planetensystems dürfte nur noch eine partielle Mitrotation möglich sein. Experimentelle Hinweise auf eine spiralförmige Struktur des Plasmas lieferte der Satellit Explorer X [86], die damit aber noch nicht völlig gesichert ist.

Bezeichnet man den Winkel zwischen der Richtung der Sonne und der tatsächlichen Bewegungsrichtung der Plasmawolke mit χ, so gilt nach Abb. 25:

$$\operatorname{tg} \chi = \frac{\omega_s r}{|v|}$$

oder

$$\chi = \operatorname{arctg} \frac{\omega_s r}{|v|} \quad .$$

χ wurde in Erdnähe zu 20 bis 30 Grad gemessen. Daraus folgt eine Plasmageschwindigkeit von 300 - 700 km/sec.

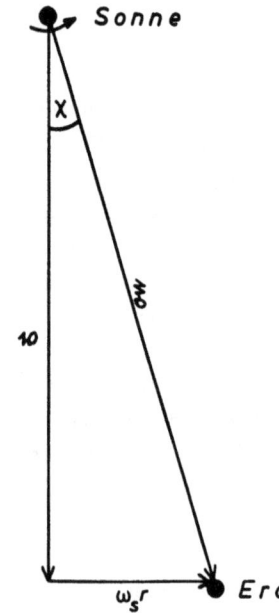

Abb. 25: Flugrichtung der Plasmawolken.

v = radiale Plasmageschwindigkeit
w = effektive Plasmageschwindigkeit
ω_s = Kreisfrequenz der Sonnenrotation
r = Abstand von der Sonne
χ = Winkel zwischen v und w

Geladene Teilchen in elektrischen und magnetischen Feldern

Die Wirkung elektrischer und magnetischer Felder in der Plasmawolke ergibt sich für einen ruhenden Beobachter mit Hilfe einer relativistischen Transformation. In einem ruhenden Koordinatensystem sei die elektrische Feldstärke $\mathcal{E}$ und Kraftflußdichte $\mathcal{B}$ gegeben. Die relativistische Transformation liefert dann $\mathcal{E}'$ und $\mathcal{B}'$ in einem mit der Geschwindigkeit w bewegten System. Die Komponente senkrecht zu v wird [84]

$$\mathcal{E}' = \frac{\mathcal{E} + c^{-1} w \times \mathcal{B}}{\sqrt{1 - w^2/c^2}} \approx \frac{1}{c} w \times \mathcal{B} \tag{20}$$

$$\mathcal{B}' = \frac{\mathcal{B} - c^{-1} w \times \mathcal{E}}{\sqrt{1 - w^2/c^2}} \approx \mathcal{B} \tag{21}$$

Die angegebenen Näherungen gelten, weil elektrostatische Felder wegen der hohen Leitfähigkeit des interplanetaren Raumes sofort zusammenbrechen und die Wurzel im Nenner bei den auftretenden Wolkengeschwindigkeiten nicht viel kleiner als 1 ist.

Die Bewegungsgleichung eines geladenen Teilchens bei vorhandenen elektrischen und magnetischen Feldern lautet

$$m \frac{d\dot{u}}{dt} = e \left(\mathcal{E}' + \frac{1}{c} \dot{u} \times \mathcal{B} \right) \tag{22}$$

$\dot{u}$ = Teilchengeschwindigkeit
w = Wolkengeschwindigkeit
$\mathcal{E}'$ = elektrische Feldstärke
$\mathcal{B}'$ = magnetische Kraftflußdichte
m = Teilchenmasse
e = Elementarladung

Für das elektrische Feld $\mathcal{E}'$ ist gemäß Gleichung (20) einzusetzen:

$$\mathcal{E}' = \frac{1}{c} w \times \mathcal{B}$$

$$\curvearrowright \quad m \frac{d\dot{u}}{dt} = \frac{e}{c} (w \times \mathcal{B} + \dot{u} \times \mathcal{B}) \quad .$$

Da die Lorentzkraft $\frac{e}{c} \dot{u} \times \mathcal{B}$ senkrecht zur Teilchengeschwindigkeit $\dot{u}$ gerichtet ist, ändert sie auch nicht die Teilchenenergie. Diese wird nur durch die Kraft $\frac{e}{c} w \times \mathcal{B}$ der Plasmawolke geändert. Die durch das Feld $\mathcal{E}' = \frac{1}{c} w \times \mathcal{B}$ entstehende Spannungsdifferenz ist

$$V = \frac{1}{c} \int_P^Q w \times \mathcal{B} \, ds \; ; \qquad V = \frac{1}{c} w \cdot B \cdot l \quad (w \perp \mathcal{B}) \tag{23}$$

l = Entfernung zwischen den Punkten P und Q der Plasmawolke .

Die Energieänderung eines von P nach Q laufenden Teilchens wird in dem Spezialfall der Bewegung in Richtung der elektrischen Feldstärke:

$$|\Delta\varepsilon| = \frac{e}{c} \cdot w \cdot B \cdot l \quad \text{erg} \qquad (24)$$

$$|\Delta\varepsilon| = 300 \cdot \frac{w}{c} \cdot B \cdot l \quad \text{eV} . \qquad (25)$$

§ 10. Mögliche Beschleunigungsmechanismen

Aus den experimentellen Ergebnissen ergeben sich verschiedene Forderungen an ein Modell zur Erklärung der Tagesgänge.

1. Als wichtigste Forderung muß der Exponent des Einfluß-Spektrums $\alpha = -0,3$ erfüllt werden.

2. Der erforderliche Mechanismus für die Erklärung der Tagesgänge soll auch Energien bis zu etwa 10^{11} eV modulieren können, wie sich aus den Untergrundmessungen ergibt.

3. Die aus den Analysen von Einzeltagen ersichtlichen quasiperiodischen Schwankungen müssen erklärt werden. Sie sind auf eine Verlagerung der Anisotropie im Raum aus einer Richtung östlich der Erd-Sonnenlinie in eine solche westlich davon zurückzuführen.

4. Die gefundene Beziehung zwischen Amplitude und Phase soll durch das Modell gedeutet werden.

5. Der 22-jährige Zyklus in der Phase des Tagesganges soll erklärt werden. Da der 11-jährige Sonnenfleckenzyklus nur einen Phasenwechsel von etwa 3 Stunden und nicht 12 Stunden im Tagesgang erzeugt (Abb. 4, 5, 6), kann gefolgert werden, daß wenigstens 2 verschiedene Mechanismen an der Erzeugung des Tagesganges beteiligt sind. Denkbar ist eine radial von der Sonne weggerichtete Komponente der Anisotropien, die mit dem Sonnenfleckenzyklus vielleicht ihre Amplitude, nicht aber ihre Richtung ändert. Eine zweite Komponente wird senkrecht dazu gerichtet sein und in der Ebene der Ekliptik liegen. Sie kann Richtung und Amplitude mit dem Sonnenfleckenzyklus ändern. Die Resultierende aus beiden Komponenten kann dann den beobachteten 22-jährigen Zyklus in der Phase des Tagesganges erklären.

a) Elektrische Felder

Die Anisotropien werden von den solaren Plasmawolken nur durch die elektrischen oder magnetischen Felder erzeugt. Elektrostatische Felder kann man aber ausschließen, da sie wegen der großen Leitfähigkeit des interplanetaren Raumes sofort zusammenbrechen. Von EHMERT [11, 55] wurde gezeigt, daß man die isotrope Modulation in ihrem Einfluß auf das Primärspektrum sehr gut mit einem von der Ladung abhängigen Energieverlust beschreiben kann, wie ihn ein wechselndes elektrisches Potential in der Umgebung der Erde gegen den sonnenfernen Raum herbeiführen würde. Dies ist nur als Rechenmodell gedacht. Ein dem entsprechendes elektrostatisches Feld im interplanetaren Raum (10^{-4} V/cm) scheint nicht möglich zu sein, so daß der Energieverlust wohl auf einen anderen Mechanismus zurückzuführen ist. Die Sonne wirkt demnach wie ein positives Zentrum auf die ebenfalls positiv geladenen Teilchen der kosmischen Strahlung. Ein solches konzentrisch um die Sonne angeordnetes Feld kann aber noch keine Anisotropien erzeugen, denn die gegen das Feld anlaufende Strahlung erfährt nur eine Energieminderung und eine Richtungsablenkung. Denselben Energiebetrag, den die Teilchen beim Anlaufen gegen das Feld verloren haben, gewinnen sie wieder, wenn sie aus dem Feld herauslaufen. Erst im Zusammenhang mit den von der Sonne ausgestoßenen Korpuskelwolken sind Anisotropien zu erwarten, denn dabei werden die Äquipotentiallinien um die Sonne ausgebeult. Jedoch ist der Einfluß eines derartigen Feldes auf den Tagesgang der kosmischen Strahlung schwierig zu übersehen.

Ein von ALFVEN [93] vorgeschlagenes, von NAGASHIMA [94] und DORMAN [7] weiter entwickeltes Modell für die Anisotropien verwendet das elektrische Feld, das ein ruhender Beobachter in einer mit der Geschwindigkeit w bewegten Plasmawolke konstatiert, die ein Magnetfeld enthält. Die Feldstärke ergibt sich gemäß Gl. (20) zu

$$\mathcal{E}' = \frac{1}{c} w \times \mathcal{H} \quad .$$

Das elektrische Feld ist also nur in Bezug auf ein relativ dazu ruhendes Koordinatensystem definiert. Verantwortlich für dieses Feld ist die magnetische Feldkomponente in der Plasmawolke, die senkrecht zur Ekliptik gerichtet ist und größenordnungsmäßig 2 - 3γ beträgt.

Das durch Gl. (20) definierte elektrische Feld ist senkrecht zur Ebene aus w und $\mathcal{H}$ gerichtet, d. h. quer zur Plasmawolke. Die entstehende Spannungsdifferenz zwischen den Begrenzungen der Plasmawolke ergibt sich aus Gl. (23).

Eine Vorstellung von der entstehenden Energieänderung für w senkrecht zu $\mathcal{H}$ liefert folgendes Beispiel (nach Gl. (25)):

$$|\Delta \varepsilon| = \frac{300 \cdot 10^8 \cdot 10^{-5} \cdot 10^{12}}{3 \cdot 10^{10}} = 10^7 \quad eV$$

$w = 10^8$ cm/sec
$\mathcal{H} = 10^{-5}$ Gauß
P-Q = l = 10^{12} cm.

Kosmische Strahlung von 10^{10} eV erfährt also durch dieses Feld eine Energieänderung von 1°/oo. Das Variationsspektrum ist nach DORMAN von der Form:

$$\frac{\delta D(E)}{D(E)} \sim E^{-1}$$

Das DORMAN sche Modell wurde von OTTER [95] einer kritischen Überprüfung unterzogen. Er kommt zu dem Schluß, daß es unwahrscheinlich ist, mit dieser Theorie den Tagesgang erklären zu können.

Seine wichtigsten Argumente gegen DORMAN's Modell sind:

1. Der beobachtete 22-jährige Zyklus in der Phasenlage ist mit der Theorie nicht befriedigend zu erklären.
2. Wird die Häufigkeitsverteilung des Tagesganges als Funktion der Phasenlage aufgezeichnet, so ergeben sich Widersprüche zu den experimentellen Ergebnissen. Die Experimente zeigen, daß die Maxima der Tagesgänge meistens in der Zeit von 12.00 bis 16.00 Uhr liegen. Nach OTTER's Berechnungen müßte aber die Häufigkeitsverteilung 2 Maxima zeigen, und zwar eines am Tage und eines in der Nacht.
3. Nach der Theorie gibt es eine Tages- und eine Nachtkomponente. Bei der Tagkomponente sollten vor einem magnetischen Sturm, bei der Nachtkomponente nach einem magnetischen Sturm größere Amplituden auftreten. Die Experimente zeigen aber, daß bei der Tagkomponente, falls überhaupt magnetische Stürme mit Amplitudenvergrößerungen des Tagesganges assoziiert sind, die Amplitudenvergrößerung erst nach dem Sturm einsetzt. Nachtmaxima sind wesentlich seltener als Tagmaxima.
4. Die Phasensprünge können mit der Theorie nicht erklärt werden.

Gegen das DORMAN sche Modell lassen sich auch noch weitere Argumente anführen.

5. Amplitudenvergrößerungen treten auch ohne Forbush-Effekte und magnetische Stürme auf.

6. Das hauptsächlich gegen das Modell sprechende Argument ist das andersartige Energiespektrum, das experimentell zu $E^{-0,3}$ bestimmt wurde. Theoretisch müßte es für das DORMANsche Modell proportional E^{-1} sein.

7. Nach Untergrundmessungen [70, 74, 75] gibt es auch in 40 - 60 mwä[+]) noch Tagesgänge. Die Primärteilchen, die hier moduliert werden, haben Energien von ungefähr 100 GeV. Die Beeinflussung so hoher Teilchenenergien nach dem DORMAN-Modell ist im Rahmen der bekannten Werte für die Parameter $\mathcal{S}$ und w nur schwierig zu verstehen.

8. Die allmählichen Phasenverschiebungen nach früheren und auch späteren Tageszeiten sind nach dem Modell nicht erklärbar.

9. Die Zahl der ständig vorhandenen Plasmawolken muß nach DORMAN 10 - 15 betragen, was unwahrscheinlich ist.

Es kann aber nicht ausgeschlossen werden, daß dieser Mechanismus besonders im niedrig-energetischen Bereich, einen Beitrag zum Tagesgang liefert.

b) Solares Magnetfeld und Intensitätsgradient in der kosmischen Strahlung

Anisotropien in der kosmischen Strahlung entstehen auch, wie ASTRÖM [96], DATTNER und VENKATESAN [97] und ELLIOT [98] fanden, im allgemeinen Dipolfeld der Sonne, wenn zusätzlich ein Intensitätsgradient in der kosmischen Strahlung besteht. Dieser Intensitätsgradient entsteht nach ELLIOT [98] durch die Absorption von kosmischer Strahlung durch die Sonne unter der Wirkung des Dipolfeldes. In Sonnennähe ist demnach die Intensität kleiner als in den Außenbereichen des Planetensystems.

Dieses Modell der Anisotropien nutzt ebenfalls die Feldkomponente senkrecht zur Ekliptik aus, die vom allgemeinen Dipolfeld der Sonne herrührt. Die Teilchen der kosmischen Strahlung kreisen in diesem Dipolfeld der Sonne, das im gegenwärtigen Zyklus dieselbe Richtung wie das Erdmagnetfeld hat. In diesem Falle treffen aus der Richtung östlich der Erd-Sonnenlinie mehr Teilchen ein als aus westlicher Richtung, denn in Sonnennähe ist die Intensität der kosmischen Strahlung geringer, mithin auch die Intensität der im solaren Magnetfeld umlaufenden und die Erde treffenden Teilchen. Ein Beobachter auf der Erde registriert eine sinusförmige Variation, deren Amplitude sich nach ELLIOT [98] zu

$$A = P \frac{\text{grad } J}{J} \qquad \text{ergibt.} \qquad (26)$$

J = Teilchenintensität
P = Steifigkeit.

ELLIOT [98] berechnet mit seiner Formel die Amplitude des Tagesganges als Funktion der Steifigkeit für 1 - 20 GV. Für P > 30 GV versagt die Formel, da J eine komplizierte Funktion des solaren Dipolmomentes ist. Von 48 - 68 GV nimmt die Amplitude auf 0 ab. Er findet für die Station Huancayo eine mittlere Amplitude von 0,43 % und die Zeit des Maximums zu 13.30 Uhr Ortszeit. Das Ergebnis stimmt annähernd mit den experimentellen Ergebnissen überein: Amplitude = 0,3 %, Zeit des Maximums = 12.15 Uhr Ortszeit.

[+]) mwä = Meter-Wasser-Äquivalent

Von THOMSON [68] wurde das Elliot-Modell an den Ergebnissen der Stationen Makerere, Hermanus und Herstmonceux geprüft. Es ergab sich keine volle Übereinstimmung mit den experimentellen Ergebnissen.

Nach ELLIOT [99] hat das durch die amerikanische Raumsonde Pionier V gemessene Feld die erforderliche Richtung, aber die Feldstärke reicht nicht aus, um die Variationen der kosmischen Strahlung zu erklären. Gegen das Elliot-Modell sprechen im wesentlichen dieselben Argumente wie gegen das von DORMAN. Die wichtigsten Argumente sind:

1. Das Modulationsspektrum reicht nicht bis 100 GeV.
2. Mit Umkehr des solaren Dipolfeldes müßte eine Phasenverschiebung im Tagesgang um 180° eintreten, die nicht beobachtet wurde.
3. Die quasiperiodischen Schwankungen im Laufe einiger Tage sind nicht zu deuten.
4. Solare Eruptionen stören das allgemeine Dipolfeld der Sonne, so daß andere Feldkonfigurationen vorliegen.

Dieses Modell kann einen Beitrag zum Tagesgang an magnetisch ruhigen Tagen liefern. Jedoch können auf diese Weise nicht sämtliche Eigenschaften der Anisotropien gedeutet werden.

c) Spiegelung der kosmischen Strahlung an Plasmawolken

Eine weitere Möglichkeit zur Erzeugung von Anisotropien in der kosmischen Strahlung beruht auf der kinetischen Energie der magnetischen Plasmawolken. Die kosmische Strahlung läuft gegen die von der Sonne abströmende magnetische Plasmawolke an, wird reflektiert und erhält dabei eine zusätzliche Geschwindigkeitskomponente. Es ist hier also ein "magnetischer Spiegel" verwirklicht. Bei den Spiegelungsprozessen wird die zur Ekliptik parallele magnetische Feldkomponente der Plasmawolken ausgenutzt. Die grundlegenden Formeln sind schon 1935 von COMPTON und GETTING [100], allerdings für einen anderen Zweck, entwickelt worden. Nach FERMI [101] wird die galaktische kosmische Strahlung nach demselben Prinzip beschleunigt. Die von COMPTON und GETTING [100] durchgeführten relativistischen Rechnungen zeigten, daß sich die Teilchenzahlen nach der Reflexion wie:

$$\frac{n'(E)}{n(E)} = \frac{1}{(1 - \frac{v}{c}\cos\vartheta)^3} \approx 1 + 3\frac{v}{c}\cos\vartheta \tag{27}$$

$$\frac{\Delta n(E)}{n(E)} = 3\frac{v}{c}\cos\vartheta \qquad \text{verhalten.} \tag{28}$$

v = Wolkengeschwindigkeit
c = Lichtgeschwindigkeit
ϑ = Winkel zwischen Geschwindigkeitsvektor der Wolke und Richtung des bewegten Teilchens.
n(E) = Teilchenzahl vor der Reflexion
n'(E) = Teilchenzahl nach der Reflexion.

Für das Verhältnis der Teilchenenergien fanden die Autoren

$$\frac{E'}{E} = \frac{1}{1 - \frac{v}{c}\cos\vartheta} \approx 1 + \frac{v}{c}\cos\vartheta \tag{29}$$

$$\frac{\Delta E}{E} = \frac{v}{c} \cdot \cos\vartheta \tag{30}$$

E = Teilchenenergie vor der Reflexion
E' = Teilchenenergie nach der Reflexion.

Der von COMPTON und GETTING entwickelte Mechanismus kann auch als Fermi-Effekt I. Ordnung [101] aufgefaßt werden, denn auch beim Fermi-Prozess ist der Energiegewinn proportional v/c, wenn die Teilchen jeweils von vorn auf die Wolke stoßen und reflektiert werden. Die Formeln von COMPTON und GETTING [100] benutzten AHLUWALIA und DESSLER [60] für ein Modell zur Erklärung der Tagesgänge. Die Grundgedanken werden hier mit einem etwas anderen Ansatz noch einmal entwickelt, der auch dann etwas andere Ergebnisse liefert.

Die Teilchen der kosmischen Strahlung erhalten von der Plasmawolke eine zusätzliche Geschwindigkeit, die sich aus der radialen Abströmgeschwindigkeit der Wolke und der Winkelgeschwindigkeit der Sonne zusammensetzt. Es gelten die Formeln (Abb. 25).

$$\cos \chi = \left|\frac{v}{w}\right|$$
$$|w| = \frac{|v|}{\cos \chi} \qquad (31)$$

χ ist der Winkel zwischen v und w. Die Bewegungsrichtung der reflektierten Teilchen ist in diesem Modell unabhängig von der Richtung des Magnetfeldes in der Wolke. Die Phasenlage des Tagesganges wird auf diese Weise richtig erklärt, da die wirksam werdenden Plasmawolken aus Richtungen östlich der Erd-Sonnenlinie auf die Erde zufliegen. Die Anisotropien liegen bei diesem Modell also östlich der Erd-Sonnenlinie, wie die Experimente fordern. Die Amplitude des Tagesganges läßt sich nach AHLUWALIA und DESSLER [60] wie folgt berechnen: Aus Gl. (28) und (29) ergibt sich die gesamte relative Schwankung der Teilchenzahl zu

$$\frac{\delta D(E)}{D(E)} = \frac{\Delta n(E)}{n(E)} + K \frac{\Delta E}{E} \qquad (32)$$

K = 2,5 Proportionalitätskonstante. Sie wurde von AHLUWALIA und DESSLER aus dem primären differentiellen Energiespektrum hergeleitet:

$$D(E) \sim E^{-2,5} \qquad (33)$$

E = Energie der kosmischen Strahlung.

Die gesamte relative Schwankung wird:

$$\frac{\delta D(E)}{D(E)} = \frac{\Delta n(E)}{n(E)} + 2,5 \frac{\Delta E}{E} = 5,5 \frac{v \cos \vartheta}{c \cos \chi} \qquad (34)$$

Das Spektrum ist, wie aus Gl. (34) folgt, von der Form

$$\frac{\delta D(E)}{D(E)} \sim E^0 \qquad (35)$$

Aus der primären relativen Schwankung läßt sich die relative sekundäre Schwankung berechnen unter Benutzung der Gl. (3)

$$\frac{\delta N_\lambda(E,h)}{N_\lambda(E,h)} = \int_{E_\lambda^{min}}^{E_\lambda^{max}} \frac{\delta D(E)}{D(E)} \cdot W_\lambda(E,h) \, dE \quad.$$

$\frac{\delta D(E)}{D(E)}$ darf vor das Integral gezogen werden, da die Schwankung unabhängig von der Energie ist.

Für $E_\lambda^{max} = \infty$ gilt weiter, ohne Berücksichtigung des Breiteneffekts

$$\frac{\delta N_\lambda(E,h)}{N_\lambda(E,h)} = 100 \frac{\delta D(E)}{D(E)} = 100 \cdot 5,5 \frac{v}{c \cdot \cos \chi} \cdot \cos \vartheta \ \% \quad. \qquad (36)$$

Setzt man für cos $\vartheta \approx 1$, cos $\chi \approx 1$, $v = 10^8$ cm/sec, so wird

$$\frac{\delta N_\lambda (E,h)}{N_\lambda (E,h)} = \frac{100 \cdot 5,5 \cdot 10^8}{3 \cdot 10^{10}} \approx 1,8 \%$$

Nach den Berechnungen von AHLUWALIA und DESSLER [60] ergibt sich die maximale Amplitude des Tagesganges jedoch zu 0,7 %.

Aus der Formel (36) ist ersichtlich, daß sich die Amplitude mit der solaren Windgeschwindigkeit v vergrößert. Der wahrscheinliche Wert für E^{max} wird ungefähr 100 GeV betragen. Die interessante Eigenschaft dieses Modelles ist die Tatsache, daß das Modulationsspektrum proportional E^0, also unabhängig von der Energie der Teilchen ist und damit dem experimentell bestimmten von $E^{-0,3}$ nahe kommt. Die Richtung der Anisotropie ist abhängig von der solaren Windgeschwindigkeit, aber unabhängig von der Richtung des Magnetfeldes der Plasmawolken.

Es wurde versucht, die Abhängigkeit der Amplituden von der solaren Windgeschwindigkeit mit Hilfe der IGY-Neutronendaten nachzuweisen. Diese Prüfung ist dann möglich, wenn eine Eruption auf der Sonne einem Forbush-Effekt auf der Erde genau zugeordnet werden kann. Nach BACHELET u. a. [52] sind Forbush-Effekte mit Eruptionen, die von Typ IV Radiostrahlung (breitbandige, hochintensive Kontinuumstrahlung vom Meter- bis zum Zentimeterbereich) begleitet sind, zu 64 % korreliert. Mit Hilfe der von BACHELET u. a. [102] zusammengestellten Daten über Typ IV Ausbrüche, Eruptionen und Forbush-Effekte aus dem IGY, war es möglich, die Flugzeiten des solaren Plasmas zu berechnen und mit den Amplituden der Tagesgänge in Beziehung zu setzen. Das Ergebnis ist in Abb. 26 dargestellt. Am ersten Tag nach dem Forbush-Effekt ist eine Vergrößerung der Amplitude mit steigender Plasmageschwindigkeit zu beobachten; weniger deutlich sind die Verhältnisse am zweiten Tage nach dem Forbush-Effekt. Als erster Tag nach einem Forbush-Effekt wurde der Tag gewählt, der keine wesentlichen Störungen durch Weltzeiteffekte mehr aufwies. Bei den obersten zwei Bildern wurden die Daten für die Amplituden den Stationen Ottawa, Lincoln, Sulphur Mountain, Leeds, Göttingen, Weissenau und Zugspitze entnommen, da diese Stationen die größten Amplituden aufwiesen. Die unteren beiden Bilder enthalten Daten allein von der Station Zugspitze, die nur sehr kleine statistische Schwankungen hat. Im Vergleich zu den oberen beiden Bildern fehlen einige Wertepaare, was auf einen Meßausfall der Station zurückzuführen ist. Eine Korrelationsrechnung zwischen den beiden Wertepaaren (Amplituden und Plasmageschwindigkeiten) hat keinen Aussagewert, da die Reihe zu kurz ist. Die Abbildung zeigt, daß auch bei geringen solaren

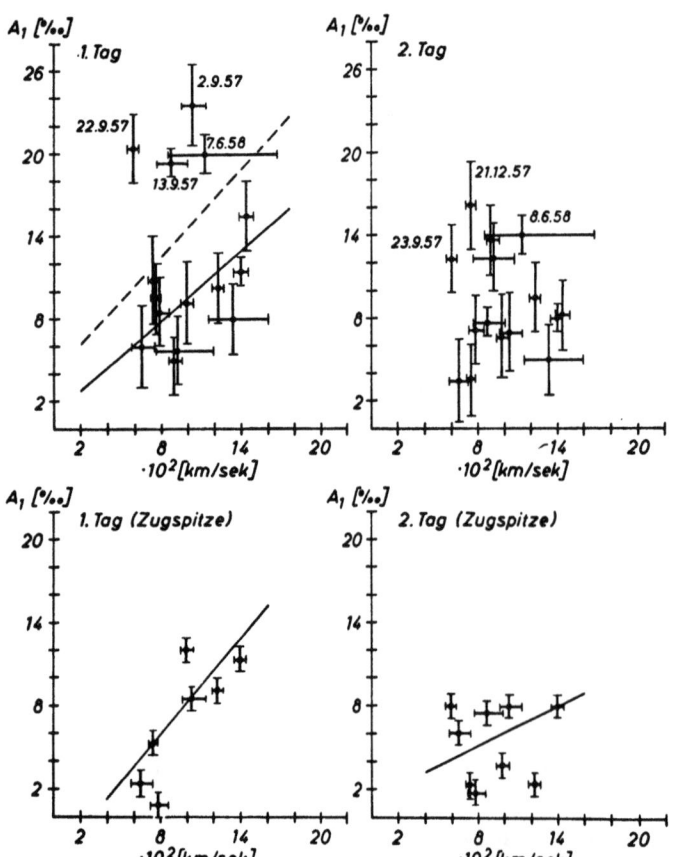

Abb. 26: Amplituden der I. Harmonischen als Funktion der Plasmageschwindigkeit.

Windgeschwindigkeiten (22. 9. 57, 13. 9. 57) große Amplituden auftreten können. Eine Darstellung der Amplitude des Tagesganges als Funktion der erdmagnetischen Kp-Werte, die nach Mariner II-Messungen [89] ein Maß für die solare Windgeschwindigkeit sind, brachte auch keinen Nachweis für eine eindeutige Korrelation. Die solare Windgeschwindigkeit kann also nicht allein für den Tagesgang verantwortlich sein.

Die in Abb. 13 dargelegten Beziehungen zwischen Amplituden und Phasen sind nach dem Modell von AHLUWALIA auf die wechselnden solaren Windgeschwindigkeiten zurückzuführen. AHLUWALIA's Modell kann einen Beitrag zu den beobachteten Anisotropien liefern. Da aber bei kleinen solaren Windgeschwindigkeiten auch große Amplituden beobachtet werden, muß geschlossen werden, daß auch noch andere Mechanismen in Betracht zu ziehen sind.

d) Zeitlich variierende Magnetfelder

Alle beschriebenen Modelle lassen die zeitliche Veränderung der Magnetfelder in den Plasmawolken unberücksichtigt. Es soll daher noch ein Modell diskutiert werden, das auf der zeitlichen Änderung der Feldkomponente parallel zur Ekliptik basiert. Zeitliche Änderungen von Magnetfeldern induzieren elektrische Felder, die die Teilchen der kosmischen Strahlung nach dem Betatroneffekt beschleunigen. Wie in § 9 dargelegt wurde, verändern sich die Magnetfelder in den Plasmawolken nicht nur durch die zunehmende Entfernung von der Sonne, sondern auch durch die Abnahme der Fluggeschwindigkeit der Plasmawolken. Auf diese Weise enthalten die auf die Erde zufliegenden Wolken immer ein stärkeres Magnetfeld als dieselben Wolken außerhalb der Erdbahn.

Die grundlegenden Arbeiten über den Betatroneffekt stammen von SWANN [103] sowie RIDDIFORD und BUTLER [104].

Nach MORRISON [105] lassen sich die kinetischen Energien relativistischer Teilchen beim Betatronmechanismus nach der Gleichung

$$\frac{E(t)}{E(t_o)} = \sqrt{\frac{B(t)}{B(t_o)}} \qquad \text{berechnen.} \qquad (37)$$

E(t) = kinetische Energie als Funktion der Zeit t
B(t) = magnetische Kraftflußdichte als Funktion der Zeit t

Es ist daraus ersichtlich, daß das Variationsspektrum des Betatroneffektes ebenfalls proportional E^o ist:

$$E(t) - E(t_o) = E(t_o) \left(\sqrt{\frac{B(t)}{B(t_o)}} - 1 \right)$$

$$\frac{\Delta E}{E(t_o)} = \left(\sqrt{\frac{B(t)}{B(t_o)}} - 1 \right) \cdot E^o(t_o) \qquad (38)$$

Der Betatronmechanismus zur Erklärung der Tagesgänge kann folgendermaßen verwirklicht sein: Die Sonnenflecken treten meist bipolar auf. Im gegenwärtigen Zyklus hat auf der Nordhalbkugel der Sonne der vorangehende Fleck N-Polarität, der nachfolgende S-Polarität. Auf der Südhalbkugel sind die Verhältnisse umgekehrt. Bei einer Eruption werden die magnetischen Kraftlinien zwischen einer bipolaren Fleckengruppe durch die Plasmawolken in den Raum ausgedehnt. Die Kraftlinien liegen also in der Ebene der Ekliptik. Die Teilchen der kosmischen Strahlung kreisen in dem Magnetfeld in der Ebene senkrecht zur Ekliptik. Durch ein induziertes elektrisches Feld werden sie entweder beschleunigt oder gebremst.

Daß auf diese Weise ein Maximum in der kosmischen Strahlung zustande kommen kann, zeigt die Abb. 27. In dem gezeichneten Fall wird die positiv geladene kosmische Strahlung beim Zerfall des Magnetfeldes der Plasmawolke beschleunigt. Die hohen Energien durchlaufen sicher nur einen Teil einer Kreisbahn und nehmen daher einen geringeren Energiebetrag auf. Die niedrig-energetischen Teilchen dagegen durchlaufen volle Kreisbahnen. Die beschleunigten Teilchen verlassen ihren Umlaufkreis annähernd tangential und erzeugen auf der Erde eine Zusatzstrahlung. Im Laufe einiger Tage überschreitet die Plasmawolke auf Grund ihrer partiellen Mitrotation mit der Sonne die Erd-Sonnenlinie. Dann wird

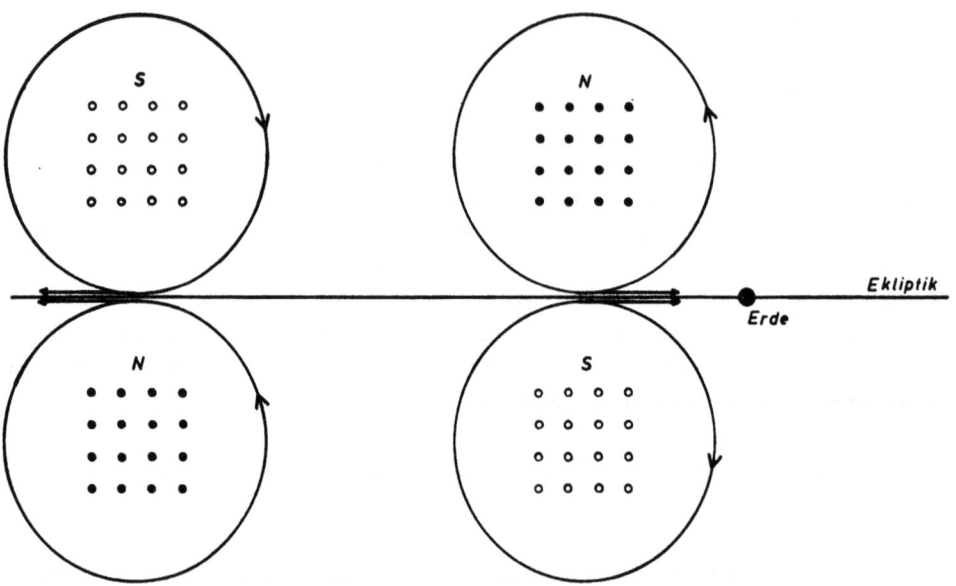

Abb. 27: Variante des Betatroneffektes zur Erklärung der Anisotropien. Die Sonne befindet sich unterhalb der Zeichenebene. Die Abb. zeigt einen Querschnitt durch die Felder zweier bipolarer Fleckengruppen, die durch Plasmawolken in den interplanetaren Raum ausgedehnt wurden.

das Feld des nachfolgenden Fleckes wirksam, so daß die Anisotropie westlich der Erd-Sonnenlinie liegt. Dieses Modell kann also die Quasiperioden im Tagesgang erklären, d. h. die Phasenverschiebung von später nach früherer Tageszeit im Tagesgang. Die dabei gleichzeitig beobachtete Verkleinerung der Amplitude wäre auf ein Verschwinden des Feldgradienten in der Plasmawolke mit fortschreitender Zeit zurückzuführen. Jede neue Plasmawolke verursacht einen Sprung in der Phase des Tagesganges von früher nach später Tageszeit. Dann erfolgt wieder die allmähliche Verschiebung nach früher Tageszeit wie oben beschrieben wurde.

Bipolare Fleckengruppen in der nördlichen und südlichen Hemisphäre der Sonne beschleunigen die kosmische Strahlung in der gleichen Richtung wie Abb. 27 zeigt. Die entwickelte Variante des Betatroneffektes kann auch die Lage der Anisotropien in der Ebene der Ekliptik deuten, denn die Korpuskelwolken werden im Laufe eines Zyklus nur in einem Gürtel von etwa 10 - 30° nördlicher und südlicher heliographischer Breite emittiert.

Aus dem entwickelten Modell resultiert eine Abhängigkeit der Phase des Tagesganges vom Sonnenfleckenzyklus. Die Polarität der Sonnenflecken war von 1944 - 1954 gerade umgekehrt im Vergleich zum gegenwärtigen Zyklus. Die Phase des Tagesganges müßte in dieser Zeit also nach frühen Tageszeiten verschoben sein. Die tatsächlichen Verhältnisse zeigt Abb. 4, die nach harmonischen Analysen von FOR-

BUSH und VENKATESAN [23] gezeichnet wurde. In der Zeit von 1944 bis 1954 sind Phasenverschiebungen nach früheren Tageszeiten vorhanden, jedoch sind die Übergänge von einem Zyklus zum anderen nicht scharf. In den Übergangsjahren überlagern sich die Wirkungen des alten und des neuen Fleckenzyklus. Ein nach dem Modell zu erwartender Phasenwechsel von 180° wird aber nicht beobachtet. Deshalb wird vermutet, daß noch eine weitere Komponente wirksam ist, die nicht ihre Richtung mit dem Sonnenfleckenzyklus umkehrt. Als solche kann der in § 10 c behandelte Mechanismus betrachtet werden, denn die kosmische Strahlung wird vom Magnetfeld der Plasmawolken reflektiert, unabhängig von dessen Richtung.

Leitfähigkeit der Plasmawolken und Betatroneffekt

Für eine mögliche Verwirklichung des Betatroneffektes ist die Frage der Leitfähigkeit der Plasmawolken von Bedeutung. Die Leitfähigkeit parallel zur Richtung des Magnetfeldes ist ziemlich groß; sie wird von ALFVEN zu 10^{-13} sec^{-1} angegeben. Die Querleitfähigkeit des Plasmas, die hier nur interessiert, ergibt sich nach ALFVEN [84] aus der Formel

$$\sigma_\perp = \frac{\sigma_\parallel}{(1 + \omega^2 \tau^2)} \qquad (39)$$

$\sigma_\parallel$ = parallele Leitfähigkeit = 10^{-13} sec^{-1}
$\sigma_\perp$ = Querleitfähigkeit
ω = Kreisfrequenz eines umlaufenden Teilchens
τ = mittlere Zeit zwischen 2 Zusammenstößen.

Die Zeit zwischen 2 Zusammenstößen ist:

$$\tau = \frac{\eta}{u} \qquad (40)$$

η = mittlere freie Weglänge
u = mittlere Geschwindigkeit

Die freie Weglänge errechnet sich nach der Formel

$$\eta = \frac{3}{16 r^3 \pi N} \text{ cm} \qquad (41)$$

r = Radius der Teilchen in cm
N = 20 Teilchen/cm^3.

Die Rechnungen ergeben, wenn man für die Umlaufdauer der Protonen im Magnetfeld ungefähr 100 sec einsetzt, daß die Querleitfähigkeit gemäß der Gleichung (39) zu vernachlässigen ist. Die große Leitfähigkeit des interplanetaren Raumes hat also keinen Einfluß auf die Wirksamkeit des Betatroneffektes.

Energiegewinn beim Betatroneffekt

Der Energiegewinn läßt sich entweder nach der Gleichung (37) oder einfach aus dem Induktionsgesetz berechnen. Die induzierte Spannung ist:

$$\oint \mathcal{E} \, ds = -\frac{1}{c} \frac{d}{dt} \Phi \quad . \qquad (42)$$

§ 10

Der Energiegewinn bei einem Umlauf des Teilchens auf der Kreisbahn:

$$|\Delta \varepsilon| = e \cdot \oint \mathcal{E} \, ds = \frac{\pi \rho^2 e}{c} \frac{dB}{dt} \tag{43}$$

$$|\Delta \varepsilon| = \frac{300 \pi \cdot \rho^2}{c} \cdot \frac{dB}{dt} \quad eV \tag{44}$$

$\Phi = \pi \rho^2 B$ = magnetischer Kraftfluß durch die Fläche der Kreisbahn des Teilchens
ρ = Radius der Kreisbahn
$\frac{dB}{dt}$ = zeitliche Änderung der Kraftflußdichte
$\mathcal{E}$ = elektrische Feldstärke
e = Elementarladung .

Es wird angenommen, daß die Kraftflußdichte in der modulierenden Region 10^{-3} Gauß beträgt und sich im Laufe von 5 Tagen auf 10^{-5} Gauß verkleinert. Die Zeit von 5 Tagen wird eingesetzt, weil die quasi-periodischen Phasenschwankungen eine Dauer von 3 - 5 Tagen haben. Die Kraftflußdichte ändert sich also näherungsweise wie folgt:

$$\frac{\Delta B}{\Delta t} = \frac{10^{-3} - 10^{-5}}{5} = \frac{0,99 \cdot 10^{-3}}{5} \quad \frac{\text{Gauß}}{\text{Tage}}$$

$$\frac{dB}{dt} \approx 2,3 \cdot 10^{-9} \quad \frac{\text{Gauß}}{\text{sec}} \quad .$$

Es folgt aus Gl. (44), daß der Energiegewinn pro Umlauf

$$|\Delta \varepsilon| = \frac{300 \cdot 3 \cdot 10^{24} \cdot 2 \cdot 10^{-9}}{3 \cdot 10^{10}} = 6 \cdot 10^7 \quad eV$$

$$\pi \rho^2 = 3 \cdot 10^{24} \, cm^2$$

beträgt. In dem Beispiel ergibt sich die Energie eines Protons mit dem Bahnradius $\rho = 10^{12}$ cm und $B = 10^{-3}$ Gauß aus der Formel

$$\rho = \frac{E}{300 \cdot B} \quad zu \quad E = 3 \cdot 10^{11} \quad eV. \tag{45}$$

Nach 50 Umläufen hat ein solches Proton 1 % Energie gewonnen. Der Energiegewinn pro sec läßt sich berechnen, sobald die Umlaufdauer bekannt ist. Nach MORRISON [105] ist die Umlaufsfrequenz

$$\nu = \frac{1,53}{\gamma \cdot A} \cdot B \quad kHz \tag{46}$$

A = atomare Masseneinheiten
$\gamma = \sqrt{1 - \frac{v^2}{c^2}}^{-1}$
B = magnetische Kraftflußdichte in Gauß.

Zum Beispiel haben Protonen von $3 \cdot 10^{11}$ eV in einem Feld von 10^{-3} Gauß eine Umlaufdauer von 220 sec.

Nun läßt sich aus dem Energiegewinn pro Umlauf und der Umlaufsdauer der Energiegewinn pro sec berechnen. Er ergibt sich in dem angeführten Beispiel zu:

$$\frac{6 \cdot 10^7 \, eV}{220 \, sec} = 2,7 \cdot 10^5 \, eV/sec \quad .$$

1 % Energiegewinn wird mit 50 Umläufen oder ≈ 11.000 sec erzielt. Das sind ungefähr 3 Stunden.

Die experimentell gemessenen Amplituden des Tagesganges sind nach dieser Variante des Betatroneffektes nur zu erklären, wenn die Teilchen mehrere Umläufe im Magnetfeld ausführen können und dabei den erforderlichen Energiebetrag gewinnen.

Die in § 10 genannten Forderungen an den Erzeugungsmechanismus für die ortszeitlichen Anisotropien werden also von den diskutierten Modellen wie folgt erfüllt:

1. Die interessanteste Eigenschaft der in § 10 c und d diskutierten Modelle ist ihr Variationsspektrum, das dem experimentell bestimmten

    $$\frac{\delta D(E)}{D(E)} \sim E^{-0,3 \pm 0,2}$$

    nahe kommt. Elektrische Modelle, wie das von DORMAN [7], können ein derartiges Spektrum nur erklären, wenn man annimmt, daß die elektrischen Felder nur oberhalb einer gewissen Mindestenergie die Primärteilchen der kosmischen Strahlung modulieren und die darunter liegenden Teilchenenergien gar nicht beeinflussen.

    Das in der vorliegenden Arbeit durch integrale Messungen aus dem Breiteneffekt der Sekundärkomponente bestimmte Variationsspektrum liefert keinen Hinweis auf eine derartige Schwellenenergie.

    Jedoch kann man aus der Messung der Mesonen- und Neutronentagesgänge der gleichen Stationen in manchen Fällen (z. B. in Abb. 17, 13. - 14. Juli 1961) ersehen, daß die Mesonen eine fast ebenso große Amplitude haben wie die niedrigenergetischen Neutronen. Die hochenergetischen Teilchen werden also manchmal bevorzugt beschleunigt. Eine Entscheidung über die Frage der elektrischen oder magnetischen Modulation ist aber noch nicht möglich, da auch bei magnetischen Modellen Schwellenenergien denkbar sind. Diese Entscheidung wird erst durch differentielle Messungen der Primärkomponente zu treffen sein. Wegen der kleinen Amplituden des Tagesganges sind großflächige Detektoren erforderlich, um eine genügende statistische Sicherheit zu erhalten. Derartige Messungen sind mit der heutigen Ballontechnik kaum auszuführen, da die Tragfähigkeit und Flugzeit der Ballone beschränkt ist. Geeigneter für differentielle Messungen sind dagegen 24-h-Satelliten, da man bei ihnen die Meßzeiten beliebig lange ausdehnen kann, und der Einfluß des Erdmagnetfeldes auf die kosmische Strahlung bei ihrer großen Entfernung (≈ 36.000 km) klein ist.

2. Die Modelle von § 10 c und d können sehr wahrscheinlich auch Teilchen hoher Energie bis 10^{11} eV modulieren.

3. Die quasiperiodischen Schwankungen werden durch den Mechanismus von 10 d erklärt. Im gegenwärtigen Sonnenfleckenzyklus wird die kosmische Strahlung nach dem Betatroneffekt durch das Feld des vorangehenden Fleckes in Richtung der Sonnenrotation beschleunigt. Das Feld des nachfolgenden Fleckes beschleunigt in die entgegengesetzte Richtung. Auf diese Weise entsteht im Tagesgang eine Phasenverschiebung von später nach früher Tageszeit, die mit der Verlagerung der Plasmawolke relativ zur Erde zusammenhängt. Falls der Betatroneffekt größer ist als die von der partiellen Mitrotation der Plasmawolken mit der Sonne herrührende Beschleunigungskomponente (§ 10 c), kann für den 1965 neu beginnenden Zyklus eine wahrscheinlich weniger ausgeprägte Quasiperiode erwartet werden, bei der die allmähliche Phasenverschiebung von früher nach später Tageszeit erfolgt, also umgekehrt im Vergleich zum gegenwärtigen Zyklus ist.

4. Die Beziehungen zwischen Amplitude und Phase können auch gedeutet werden. Kleine Amplituden bei später Zeit des Maximums im Tagesgang entstehen wahrscheinlich durch eine ungünstige räumliche Lage der modulierenden Region zur Erde; maximale Amplituden werden bei optimaler Lage beobachtet. Kleine Amplituden bei früher Zeit des Maximums beruhen auf dem mit fortschreitender Zeit erfolgenden Zerfall der modulierenden Region und ihrer Verlagerung westlich zur Erd-Sonnenlinie.

5. Der 22-jährige Zyklus in der Phase (3 - 4-stündige Verschiebung in der Zeit des Maximums) kann nur durch das Zusammenwirken der Mechanismen von § 10 c und d erklärt werden.

6. Eine Zusatzstrahlung oder Abschirmung der Intensität kann aus den verschiedenen geometrischen Anordnungen der modulierenden Region im Raum resultieren.

7. Einflüsse der in § 10 a, b diskutierten Modelle sind zu erwarten.

8. Einwirkungen der Plasmawolken auf das Erdmagnetfeld und damit wieder auf die am Erdboden registrierten Anisotropien müssen in Betracht gezogen werden.

Allgemein darf gefolgert werden, daß der Tagesgang in der kosmischen Strahlung eine sehr komplexe Erscheinung ist und nur durch das Zusammenwirken mehrerer Mechanismen gedeutet werden kann. Weitere Erkenntnisse über die Anteile der einzelnen Mechanismen sind nur durch Messungen im interplanetaren Raum zu erwarten.

E. Zusammenfassung

In der vorliegenden Arbeit wurden die nach Ortszeit eintretenden Anisotropien der kosmischen Strahlung an der Nukleonenkomponente näher untersucht. Dabei wurden Weissenauer und Lindauer sowie Registrierungen der IGY (International Geophysical Year)-Stationen verwendet.

Die angewandten Untersuchungsmethoden waren die harmonische Analyse und die graphische Analyse der Aufzeichnungen von 2-Stundenregistrierungen.

Von praktischer Bedeutung waren lediglich die ersten beiden harmonischen Wellen im Tagesgang. Die bei der harmonischen Analyse erhaltenen Entwicklungskoeffizienten a_1, b_1 und a_2, b_2 wurden als Summenvektoren in der Periodenuhr dargestellt. Ergänzend dazu wurden auch Amplituden- und Phasenwerte für mehrere Stationen gleichzeitig aufgezeichnet.

Die bei der harmonischen Analyse von Monats- und Jahresmitteln erhaltenen Ergebnisse stimmen mit denen anderer Autoren überein. Das Hauptgewicht der Untersuchungen wurde jedoch auf die Analyse von Einzeltagen gelegt, da erstmalig mit Hilfe der IGY-Registrierungen das weltweite Verhalten der Tagesgänge erforscht werden konnte, und die statistischen Schwankungen der Registrierungen eine solche Analyse erlaubten.

Es zeigte sich, daß Amplitude und Phase quasiperiodischen Schwankungen unterliegen, die physikalisch real sind und eine Dauer von mehreren Tagen haben. Es gibt weltweite und lokal begrenzte Anisotropien in der kosmischen Strahlung.

Der Breiteneffekt der Phase - die Verschiebung der Zeit des Maximums bei Stationen mit zunehmender geomagnetischer Breite - ist auf den Einfluß des Erdmagnetfeldes zurückzuführen. Aus der Phase des Tagesganges ergibt sich nach Korrektur der geomagnetischen Ablenkung die Herkunftsrichtung der Strahlung, die den Tagesgang erzeugt. Unter Berücksichtigung der Orientierungsdifferenz zwischen Dipol- und Rotationsachse der Erde, der Phase des Tagesganges, der asymptotischen Länge und Breite jeder Station ergab sich die Winkelausdehnung der Quelle im interplanetaren Raum. Die Anisotropien liegen meistens östlich der Erd-Sonnenlinie, können aber ihre Richtung im Laufe einiger Tage ändern. Sie sind stark in die Ebene der Ekliptik konzentriert. Die Entfernung der modulierenden Region von der Erde war auf diese Weise nicht feststellbar.

Weiter wurden die Korrelationen mit terrestrischen und solaren Ereignissen untersucht, die nur in speziellen Fällen zu bestehen scheinen, sich aber noch nicht streng statistisch nachweisen lassen.

Zwischen Amplitude und Phase des Tagesganges besteht eine nichtlineare Korrelation.

Durch die graphische Analyse konnten spezielle Formen des Tagesganges erkannt werden, die besonders nach Forbush-Effekten auftreten. In einigen Fällen war so auch die Entscheidung möglich, ob die Anisotropien durch eine räumlich begrenzte Zusatzstrahlung oder eine räumlich begrenzte Abschirmung der Tagesmittelintensität zustandekommen.

Es konnte auch gezeigt werden, daß die II. Harmonische nur für äquatornahe Stationen signifikant ist und wahrscheinlich auf eine ungenügende Luftdruckkorrektur zurückzuführen ist.

Das aus dem Breiteneffekt der Amplitude der I. Harmonischen errechnete Energiespektrum der primären Tagesgänge bildet näherungsweise einen Ersatz für die bis heute noch nicht ausgeführten differentiellen Messungen des Tagesganges. Es ergab sich für das Modulationsspektrum der primären Tagesgänge:

$$\frac{\delta D(E)}{D(E)} \sim E^{-0,3 \pm 0,2}$$

Dieses Spektrum liefert eine Aussage über den möglichen Modulationsmechanismus. Der Wert des Exponenten von $\alpha = -0,3$ deutet darauf hin, daß nicht allein das DORMAN sche Modell [7], dessen Modulationsspektrum einen Exponenten von $\alpha = -1$ hat, für die Tagesgänge verantwortlich ist. Der Fermi-Prozeß I. Ordnung und der Betatronmechanismus, die beide ein Modulationsspektrum der Form

$$\frac{\delta D(E)}{D(E)} \sim E^{0}$$

erzeugen, werden einen merklichen Anteil zum Tagesgang liefern. Die nachgewiesenen quasiperiodischen Schwankungen beruhen wahrscheinlich auf dem Betatroneffekt und der Verlagerung der Plasmawolken im Raum.

Weitere Entscheidungen über die Anteile der einzelnen Mechanismen am Tagesgang sind nur durch direkte Messungen der kosmischen Strahlung im interplanetaren Raum möglich. Diese Messungen müßten sowohl für Protonen als auch für schwere Kerne ausgeführt werden.

Herrn Professor Dr. Julius Bartels danke ich für die Gewährung einer Arbeitsmöglichkeit am Max-Planck-Institut für Stratosphärenphysik.

Herrn Professor Dr. Alfred Ehmert gilt mein Dank für die Anregung zu dieser Arbeit und für wertvolle Ratschläge und Diskussionen. Herrn Dr. Georg Pfotzer möchte ich an dieser Stelle für fördernde Diskussionen danken.

Für die Hilfe bei der Ausführung der harmonischen Analysen bin ich Herrn Dipl.-Ing. Heimerdinger von der Hollerith-Abteilung in Göttingen zu Dank verpflichtet.

Literaturverzeichnis

[1] BIERMAN, L.: Phys. Blätter 49, 1963.

[2] CHAPMAN, S.; BARTELS, J.:
Geomagnetism, Oxford, University Press 1951.

[3] RAU, W.: Z. Phys. 114, S. 265, 1939.

[4] MESSERSCHMIDT, W.:
Z. f. Naturforschung 15 a, S. 470, 1960.

[5] National Comittee for the International Geophysical Year, No. 1 - 5. Science Council of Japan, Ueno Park, Tokyo.

[6] EHMERT, A.; SITTKUS, A.:
Z. f. Naturforschung 6 a, S. 618, 1951.

[7] DORMAN, L. I.: Cosmic Ray Variations 1957 (Moskau), Englische Übersetzung: Technical Documents Liaison Office MCLTD, Wright-Petterson, Air Force Base, Ohio, 1958.

[8] WEBBER, W. R.; QUENBY, J. J.:
Phil. Mag., 4, S. 654, 1959.

[9] JORY, F. S.: Phys. Rev. 103, S. 1068, 1956.

[10] BRUNBERG, E. A.; DATTNER, A.:
Tellus 5, S. 135, 269, 1953.

[11] EHMERT, A.: Space Research, North-Holland Publishing Company, Amsterdam. Proceedings of the First International Space Science Symposium, S. 1000, 1960.

[12] FONGER, W. H.: Phys. Rev. 91, S. 351, 1953.

[13] KANE, R. P.; THAKORE, S. R.:
Proc. Ind. Acad. Sci. A 52, S. 122, 1960.

[14] SARABHAI, V. A.; PAI, G. L.; RAO, U. R.:
Journal of the Phys. Soc. of Japan, 17, Suppl. A II, S. 379, 1962.

[15] VANKATESAN, D.; DATTNER, A.:
Tellus 11, S. 116, 1959.

[16] ROSE, D. C.; LAPOINTE, S. M.:
Can. J. Phys. 39, S. 668, 1961.

[17] SANDSTRÖM, A. E.; DYRING, E.; LINDGREN, S.:
Tellus 14, S. 19, 1962.

[18] McCRACKEN, K. G.; RAO, U. R.; SARABHAI, V.:
Proc. Roy. Soc., London A 263, S. 118 u. 127, 1961.

[19] RAO, U. R.; McCRACKEN, K. G.; VENKATESAN, D.:
J. Geophys. Res. 68, S. 345, 1963.

[20] NAGASHIMA, K.; POTNIS, R.; POMERANTZ, M. A.:
Nuovo Cimento 19, S. 292, 1961.

[21] MURAKAMI, K.: Scientific Papers of the Institute of Physical and Chemical Research 55, S. 24, 1961, Tokyo.

[22] BARTELS, J.: Terrestrial Magnetism and Atmospheric Electricity 40, S. 1, 1935.

[23] FORBUSH, S. E.; VENKATESAN, D.:
J. Geophys. Res. 65, S. 2213, 1960.

[24] PARSONS, N. R.: Tellus 12, S. 450, 1960.

[25] KANE, R. P.: Indian Journal of Physics 35, S. 213, 1961.

[26] WALTHER, E.: Unveröffentlicht.

[27] LOCKWOOD, J. A.; RAZDAN, H.:
J. Geophys. Res. 68, S. 1593, 1963.

[28] STELJES, J. F.: Nuovo Cimento 13, S. 857, 1959.

[29] KANE, R. P.: Phys. Rev. 98, S. 130, 1955.

[30] KANE, R. P.: Nuovo Cimento 27, S. 14, 1963.

[31] THAMBYAPILLAI, T.; ELLIOT, H.:
Nature 171, S. 918, 1953.

[32] STEINMAURER, R. und GHERI, H.:
Naturwissenschaften 42, S. 10, 294, 1955.

[33] CONFORTO, M.; SIMPSON, J. A.:
Nuovo Cimento 5, S. 1052, 1957.

[34] SARABHAI, V.; DESAI, U. D.; VENKATESAN, D.:
Phys. Rev. 99, S. 1490, 1955.

[35] SARABHAI, V.; DESAI, U. D.; VENKATESAN, D.:
Phys. Rev. 96, S. 469, 1954.

[36] FIROR, J. W.; FONGER, W. H.; SIMPSON, J.:
Phys. Rev. 94, S. 1031, 1954.

[37] KATZMANN, J.: Canad. J. Phys. 39, S. 1477, 1961.

[38] MARSDEN, P. L.; BEGUM, Q. N.:
Phil. Mag. 4, S. 1247, 1959.

[39] CHREE, C.: Phil. Trans. Roy. Soc. A 212, S. 75, 1913.

[40] REMY, I. E.; SITTKUS, A.:
      Z. Naturforschung 10a, S. 172, 1955.

[41] REMY, I. E.; SITTKUS, A.:
      Z. Naturforschung 11a, S. 556, 1956.

[42] GALLI, M.; RANDI, P.:
      Nuovo Cimento 26, S. 407, 1962.

[43] DUGGAL, S. P.; POMERANTZ, M. A.:
      Phys. Rev. Letters 8, S. 215, 1962.

[44] SIEBERT, M.:   Nachrichten der Akademie der Wissenschaften, Göttingen, Mathem.
                        Phys. Kl. Nr. 6, 1956.

[45] KANE, R. P.:   Indian Journal of Physics 36, S. 237, 1962.

[46] SEKIDO, Y.; KODAMA, M.:
      Rep. Ionosph. Res., Japan 6, S. 111, 1952.

[47] SANDSTRÖM, A. E.: Tellus 7, S. 204, 1955.

[48] DOLBEAR, D. W. M.; ELLIOT, H.:
      J. Atmosph. Terr. Phys. 4, S. 205, 1951.

[49] YOSHIDA, S.; KONDO, I.:
      J. Geomag. Geoelectr. 5, S. 136, 1954.

[50]   Quaterly Bulletin on Solar Activity Juli - Dez. 57. (Eidgen. Sternwarte,
                        Zürich.)

[51] BARTELS, J.:   Geomagnetic Planetary Indices. Veröffentlicht vom Geophys. Institut
                        Göttingen, 1957.

[52] BACHELET, F.; BALATA, P.; CONFORTO, A. M.; MARINI, G.:
      Nuovo Cimento 21, S. 648, 1961.

[53] FORBUSH, S. E.:   Terr. Magn. 43, S. 207, 1938.

[54] HESS, U. F.; DEMMELMAIR, A.; STEINMAURER, R.:
      Nature 140, S. 316, 1937.

[55] EHMERT, A.:   Physikertagung Wiesbaden 13, 1960. Physik-Verlag Mosbach/Baden, 1961.

[56] SARABHAI, V.; BHAVSAR, P. D.:
      Suppl. Nuovo Cimento 8, S. 299, 1958.

[57] SARABHAI, V.; SATYAPRAKASH, A.:
      Proc. Ind. Acad. Sci. 51, S. 84, 1960.

[58] AHLUWALIA, H. S.: Proc. Cosmic Ray Symposium Ahmedabad, S. 81, 1960.

[59] SARABHAI, V.; KANE, R. P.:
      Phys. Rev. 90, S. 204, 1953.

[60] AHLUWALIA, H. S.; DESSLER, A. J.:
Planet. Space Science 9, S. 195, 1962.

[61] SARABHAI, V.; GOTTLIEB, B.:
J. of the Phys. Soc. of Japan 17, Suppl. A II, S. 384, 1962.

[62] SANDSTRÖM, E; DYRING, E.; LINDGREN, S.:
J. of the Phys. Soc. of Japan 17, Suppl. A II, S. 471, 1962.

[63] RAO, U. R.; SARABHAI, V.:
Proc. Roy. Soc. A 263, S. 101, 118, 127, 1961.

[64] EHMERT, A.: Kernstrahlung in der Geophysik, S. 366, Springer-Verlag, 1962.

[65] MESSERSCHMIDT, W.:
Z. f. Naturforschung 18 a, S. 66, 1963.

[66] SCHWACHHEIM, G.: J. Geophys. Res. 65, S. 3149, 1960.

[67] SANDSTRÖM, A. E.; LINDGREN, S.:
Archiv für Fysik 16, S. 137, 1959.

[68] THOMSON, D. M.: Phil. Mag. 6, S. 573, 1961.

[69] KATZMANN, J.; VENKATESAN, D.:
Canad. J. Phys. 38, S. 1011, 1960.

[70] KUZMIN, A. I.: Proceedings of the Moscow Cosmic Ray Conference IV, S. 252, 1960.

[71] RAO, U. R.: Cosmic Ray Symposium Ahmedabad, S. 136, 1960.

[72] AHLUWALIA, H. S.: Dissertation 1960, Gujerat-Universität.

[73] DUGGAL, S. P.; NAGASHIMA, K.; POMERANTZ, M. A.:
J. of Geophys. Res. 66, S. 1970, 1961.

[74] SANDOR, T.; SOMOGYI, A.; TELBISZ, F.:
Nuovo Cimento 17, S. 1, 1960.

[75] REGENER, V. H.: J. of the Phys. Soc. of Japan 17, Suppl. A II, S. 481, 1961.

[76] EHMERT, A.: Naturwiss. 28, S. 28, 1940.

[77] RAU, W.: Z. Phys. 116, S. 105, 1940.

[78] SARABHAI, V.; DUGGAL, S. P.; RAO, U. R.; RAZDAN, H.; SASTRY, T.:
Proceedings of the Moscow Cosmic Ray Conference IV, S. 231, 1960.

[79] AHLUWALIA, H. S.: Proc. of the Physical Society 80, S. 472, 1962.

[80] SANDSTRÖM, E.: 1961, unveröffentlicht.

[81]   PARKER, E. N.:   Astrophys. J. 128, S. 664, 1958.

[82]   PARKER, E. N.:   Astrophys. J. 133, S. 1014, 1961.

[83]   GOLD, T.:   J. Geophys. Res. 64, S. 1665, 1959.

[84]   ALFVEN, H.:   Cosmic Electrodynamics, Oxford 1950.

[85]   PARKER, E. N.:   Phys. Rev. 109, S. 1876, 1958.

[86]   HEPPNER, J. P.; NESS, N. F.; SKILLMANN, T. L.; SCEARCE, C. S.:
       J. of the Phys. Soc. of Japan 17, Suppl. A II, S. 546, 1962.

[87]   BRIDGE, H. S.; DILWORTH, C.; LAZARUS, A. J.; LYON, E. F.; ROSSI, B.; SCHERB, F.:
       J. of the Phys. Soc. of Japan 17, Suppl. A II, S. 553, 1962.

[88]   PIDDINGTON, J. H.:   Planetary and Space Science 9, S. 305, 1962.

[89]   Interplanetary Solar Wind Measurements by Mariner II, California Institute of Technology, Contract No NAS 7-100.

[90]   FAN, C. Y.; MEYER, P.; SIMPSON, J. A.:
       Phys. Rev. Letters 5, S. 269, 1960.

[91]   LÜST, R.; SCHLÜTER, A.:
       Z. Astrophysik 34, S. 263, 1954.

       LÜST, R.; SCHLÜTER, A.:
       Z. Astrophysik 38, S. 190, 1955.

[92]   LÜST, R.:   J. of the Phys. Soc. of Japan 17, Suppl. A II, S. 560, 1962.

[93]   ALFVEN, H.:   Phys. Rev. 75, S. 1732, 1949.

[94]   NAGASHIMA, K.:   J. Geomag. and Geoelectr. 7, S. 51, 1955.

[95]   OTTER, G.:   Acta Physica Austriaca, Oktober, S. 154, 1960.

[96]   ASTRÖM, E.:   Tellus 11, S. 2, 1959.

[97]   DATTNER, A.; VENKATESAN, D.:
       Tellus 11, S. 239, 1959.

[98]   ELLIOT, H.:   Phil. Mag. 5, S. 601, 1960.

[99]   ELLIOT, H.:   Symposium on Geophysical Aspects of Cosmic Rays, IUGG Monographie No. 12, Helsinki, S. 9, 1960.

[100] COMPTON, A. H.; GETTING, I. A.:
       Phys. Rev. 47, S. 817, 1935.

[101] FERMI, E.:   Phys. Rev. 75, S. 1169, 1949.

[102]   BACHELET, F.; BALATA, P.; CONFORTO, A. M.; MARINI, G.:
		Nuovo Cimento 16, S. 292 und 320, 1960.

[103]   SWANN, W. F. G.:   Phys. Rev. 43, S. 217, 1933.

[104]   RIDDIFORD, L.; BUTLER, S. T.:
		Phil. Mag. 43, S. 447, 1952.

[105]   MORRISON, P.:   Handbuch der Physik, Band XLVI, 1, 1961.
                             Kosmische Strahlung I, S. 25.

[106]   QUENBY, J. J.; WEBBER, W. R.:
                             Atomic Energy of Canada Limited Chalk River Project, CRGP, 965,
                             by L. L. Cogger, 1960.

**Verzeichnis der Mitteilungen aus dem Max-Planck-Institut
für Physik der Stratosphäre**

Nr. 1/1953   Über den Beitrag der von μ - Mesonen angestoßenen Elektronen zu den Ultrastrahlungsschauern unter Blei. G. Pfotzer

Nr. 2/1954   Ein Zählrohrkoinzidenzgerät zur Registrierung der kosmischen Ultrastrahlung. A. Ehmert

Eine einfache Methode zur Einstellung und Fixierung des Expansionsverhältnisses von Nebelkammern. G. Pfotzer

Nr. 3/1954   Optische Interferenzen an dünnen, bei -190°C kondensierten Eisschichten. Erich Regener (vergriffen)

Nr. 4/1955   Über die Messung der Temperatur des atmosphärischen Ozons mit Hilfe der Huggins-Banden. H. Zschörner und H. K. Paetzold

Nr. 5/1956   Ein neuer Ausbruch solarer Ultrastrahlung am 23. Februar 1956. A. Ehmert und G. Pfotzer, vergriffen (erschienen Z. Naturforschung 11a, 322, 1956)

Nr. 6/1956   Das Abklingen der solaren Ultrastrahlung beim Ausbruch am 23. Februar 1956 und die geomagnetischen Einfallsbedingungen. A. Ehmert und G. Pfotzer

Nr. 7/1956   Die Impulsverteilung der solaren Ultrastrahlung in der Abklingphase des Strahlungseinbruches am 23. Februar 1956. G. Pfotzer

Nr. 8/1956   Die atmosphärischen Störungen und ihre Anwendung zur Untersuchung der unteren Ionosphäre. K. Revellio

Nr. 9/1956   Solare Ultrastrahlung als Sonde für das Magnetfeld der Erde in großer Entfernung. G. Pfotzer

*

Die vorstehenden Hefte können beim Max-Planck-Institut für Aeronomie, 3411 Lindau angefordert werden.

Mitteilungen aus dem Max-Planck-Institut für Aeronomie

Nr. 1 (S) Waibel: Messungen von Primärteilchen der kosmischen Strahlung.

Nr. 2 (S) Erbe: Auswirkung der Variationen der primären kosmischen Strahlung auf die Mesonen- und Nukleonenkomponente am Erdboden.

Nr. 3 (I) Kohl: Bewegung der F-Schicht der Ionosphäre bei erdmagnetischen Bai-Störungen.

Nr. 4 (I) Becker: Tables of ordinary and extraordinary refractive indices, group refractive indices and $h'_{o,x}(f)$-curves or standard ionospheric layer models.

Nr. 5 (S) Schröpl: Über eine Neubestimmung des Absorptionskoeffizienten von Ozon im Ultraviolett bei kleinen Konzentrationen.

Nr. 6 (S) Erbe: Ergebnisse der Ballonaufstiege zur Messung der kosmischen Strahlung in Weissenau und Lindau.

Nr. 7 (S) Meyer: Elektromagnetische Induktion eines vertikalen magnetischen Dipols über einem leitenden homogenen Halbraum.

Nr. 8 (I u. S) Dieminger und Mitarb.: Die geophysikalischen Ereignisse des 12. - 14. November 1960.

Nr. 9 (S) Pfotzer, Ehmert, and Keppler: Time Pattern of Ionizing Radiation in Balloon Altitudes in High Latitudes. Part A, Text; Part B, Figures and Diagrams.

Nr. 10 (S) Waibel: Eine Ballonsonde zur Messung von Röntgenstrahlung und solarer Ultrastrahlung.

Nr. 11 (S) Voelker: Zur Breitenabhängigkeit erdmagnetischer Pulsationen.

Nr. 12 (S) Jaeschke: Registrierung von Pulsationen im südlichen Niedersachsen als Beitrag zur erdmagnetischen Tiefensondierung.

Nr. 13 (S) Meyer: Elektromagnetische Induktion in einem leitenden homogenen Zylinder durch äußere magnetische und elektrische Wechselfelder.

Nr. 14 (S) Kremser: Über den Zusammenhang zwischen Röntgenstrahlungs-Ausbrüchen in der Polarlichtzone und bayartigen erdmagnetischen Störungen.

Nr. 15 (S) Keppler: Messung von Röntgenstrahlung und solaren Protonen mit Ballongeräten in der Nordlichtzone.

If you have any concerns about our products,
you can contact us on
ProductSafety@springernature.com

In case Publisher is established outside the EU,
the EU authorized representative is:
**Springer Nature Customer Service Center GmbH
Europaplatz 3, 69115 Heidelberg, Germany**

Printed by Libri Plureos GmbH
in Hamburg, Germany